带你走进史前世界　了解地球曾经的霸主

恐龙大百科

邢立达　韩雨江◎主编

吉林科学技术出版社

图书在版编目（CIP）数据

恐龙大百科 / 邢立达，韩雨江主编. -- 长春 ：吉
林科学技术出版社，2021.4
ISBN 978-7-5578-7702-6

Ⅰ. ①恐… Ⅱ. ①邢… ②韩… Ⅲ. ①恐龙—儿童读
物 Ⅳ. ①Q915.864-49

中国版本图书馆CIP数据核字(2021)第044703号

恐龙大百科
KONGLONG DABAIKE

主　　编	邢立达　韩雨江
出 版 人	宛　霞
责任编辑	石　焱
封面设计	长春美印图文设计有限公司
制　　版	长春美印图文设计有限公司
幅面尺寸	210 mm×285 mm
开　　本	16
印　　张	13
页　　数	208
字　　数	165千字
印　　数	1-7 000册
版　　次	2021年4月第1版
印　　次	2021年4月第1次印刷

出　　版	吉林科学技术出版社
发　　行	吉林科学技术出版社
地　　址	长春市福祉大路5788号
邮　　编	130118
发行部电话/传真	0431-81629529　81629530　81629531
	81629532　81629533　81629534
储运部电话	0431-86059116
编辑部电话	0431-81629518
印　　刷	长春新华印刷集团有限公司

书　　号	ISBN 978-7-5578-7702-6
定　　价	49.90元

恐龙是出现于中生代的多样化优势脊椎动物，它们在史前时代的地球上生活了大约1.6亿年。陆地、天空和海洋中，到处都有它们的身影，可谓形态各异，称霸一时。可是，大约在距今6 500万年前，这群神秘又霸气的动物突然灭绝了。

虽然恐龙从地球上消失了，但是有关恐龙的研究和话题却从未间断过，它们已经成为大众文化的一部分。随着它们的骨骼化石和一些生存痕迹不断地被发现，从科学家到普通民众，尤其是儿童，更是被其深深吸引。这些发现不但激发了人们的好奇心，丰富了人们对这群远古地球霸主的想象，更让人们了解到了地球生命和环境的演化过程。

本书以恐龙生活的地质年代为顺序，运用多种技术手段，复原了近百种恐龙的形象，用震撼的图片极大地还原了恐龙时代的精彩。书中还用生动的语言讲述了各个恐龙的生活习性、身体结构、自身特点等知识。图书体系严谨，内容科学，不仅能让孩子更全面、更细致地了解恐龙，还能培养孩子专注于研究与探索的精神。

让我们翻开本书，一起走进恐龙时代吧！

目 录 | CONTENTS

目 录 | CONTENTS

盒龙

20世纪90年代，古生物学家在美国得克萨斯州发现了可追溯至三叠纪晚期的恐龙化石——盒龙。盒龙是一种小型兽脚类恐龙，它的化石非常有限，目前只发现了一些孤立的腰带骨。盒龙所在的生态圈还包括了主龙类的特髅龙和其他早期兽脚类恐龙，这些成员中有的留下了不少双足恐龙的足迹。

指爪力道

盒龙的指呈弯曲状且尖利，可以快速有效地捕捉猎物。

得到启示

古生物学家通过研究现生的动物了解了许多灭绝动物的信息。比如，鸵鸟粗壮的双腿和某些食肉恐龙的后肢几乎没有差异。古生物学家通过观察鸵鸟的行走方式，可以推测出兽脚类恐龙是怎样行走的。

·拉丁文学名	*Caseosaurus*
·类	兽脚类
·食性	肉食性
·体重	约 50 千克
·体形特征	前肢可辅助捕杀猎物
·生活区域	美国得克萨斯州

皮肤的功能

　　恐龙皮肤的主要功能是避免受到昆虫、猎食者和中生代阳光的侵害。皮肤上的图案或者花纹能向敌人和同伴传达信息。

撑起身躯

　　盒龙的后肢强壮有力，能够起到支撑身体重量的作用。后肢趾爪分布均匀，强化抓地力，使得盒龙的行走非常稳当。

曙奔龙

1996 年，阿根廷古生物学家里卡多·马丁内斯在阿根廷发现了一个接近完整的恐龙骨架化石，它就是黎明的奔跑者——曙奔龙。曙奔龙是基干兽脚类的一属，生活在距今 2.32 亿到 2.29 亿年前的三叠纪晚期，模式种是墨菲曙奔龙。这个名字是授予墨菲努力工作的荣誉，因为他过去一直在化石产地工作并发现了曙奔龙，从而让人类更靠近恐龙的世界。

苗条的身体

曙奔龙是一种相当小的恐龙，从鼻子到尾端的长度仅为1.2米，这在庞大的恐龙家族中实在是太渺小了。但它们的躯干细长优美，让人觉得很精致可爱。

快速的奔跑者

曙奔龙的胫骨长于股骨。虽然科学家们不能确定它到底能跑多快，但估计它能以每小时30千米的速度奔跑，不愧于它"奔跑者"的称号。

·拉丁文学名	*Eodromaeus*
·类	兽脚类
·食性	肉食性
·体重	不详
·体形特征	躯干细长优美
·生活区域	阿根廷

1.2米　　1.8米

被错认的曙奔龙

　　曙奔龙在最开始被认为是始盗龙的一种，然而当古生物学家们更细致地研究曙奔龙的骨骼化石时发现，它的一些骨骼特征是始盗龙所没有的。最终古生物学家们确认它是一种新型恐龙。

可抓握的手掌

　　曙奔龙的两只手掌拥有抓握功能，结构与人类很像。这样独特的可抓握的手部可以辅助它们猎杀食物。

11

始盗龙

月亮谷的小霸王

1993 年，始盗龙被发现于南美洲阿根廷西北部的一处荒芜之地——伊斯巨拉斯托盆地月亮谷。始盗龙的发现纯属偶然，当时考察队的一位成员在一堆废置路边的乱石块里居然发现了一个近乎完整的头骨化石，于是趁热打铁，对废石堆一带反复搜寻，最终这种从未见过的恐龙被发现了。始盗龙是地球上最早出现的恐龙之一，那时候，恐龙已经开始为日后统治地球做好了准备。

双料"吃货"

始盗龙的颌骨不像早期一些肉食性恐龙那样，上颌骨和前上颌骨之间有个裂口。与其他肉食性恐龙相似，其后面的牙齿像带槽的牛排刀一样，但是前面的牙齿却是树叶状，同植食性恐龙相似。这一特征表明，始盗龙很可能既吃植物也吃肉。

指爪的力道

始盗龙的前肢只有后肢长度的一半，每只爪子都有5指。其中最长的3根指爪被推测是用来捕捉猎物的。古生物学家推测第4指及第5指都太小，它们在捕猎的时候没有太大的用处。

· 拉丁文学名	*Eoraptor*
· 类	兽脚类
· 食性	杂食性
· 体重	不详
· 体形特征	前肢具有 5 指
· 生活区域	阿根廷

1米

1.8米

恐龙如何 "上厕所"

　　绝大多数的鸟类并没有膀胱，其输尿管很短，且直接开口于泄殖腔，所以鸟儿的尿液和粪便都由泄殖腔同时排出体外。恐龙的一支演化为鸟类，所以有古生物学家推断一些恐龙的排泄方式与鸟类类似。

三根功能趾

　　始盗龙腿部的骨骼薄且中空，站立时依靠脚掌中间的3根脚趾来支撑它全身的重量，未来它们的子孙都继承了这样的特征。第1趾只能起到在行进中辅助支撑的作用。

13

圣胡安龙

距今约 2.3 亿年前三叠纪晚期的阿根廷，当时曾是泛滥平原，有许多河道。圣胡安龙便生活在那里。1994 年，圣胡安国立大学的古生物学家里卡多发现了一具恐龙化石，继而命名为圣胡安龙。圣胡安龙是生存年代最早的恐龙之一，同属埃雷拉龙和南十字龙的姊妹分类单元。最初，研究人员以为这件标本是埃雷拉龙的一个新标本，但经过仔细修复与研究后，认定是新属物种。

快速出击

圣胡安龙的后部背椎非常强壮，可以附着更多的肌肉。加上与同类恐龙相比更长的后肢，以及完全两足行走的步态，使其成为比较快速的掠食者。

比较发达的前肢

从身体比例上看，圣胡安龙的前肢要比埃雷拉龙的弱一些，但这并不影响它使用前肢。实际上，前肢依然是非常有效的辅助捕猎的武器。

3米

1.8米

·拉丁文学名	*Sanjuansaurus*
·类	兽脚类
·食性	肉食性
·体重	约 200 千克
·体形特征	耻骨约是股骨长度的一半多
·生活区域	阿根廷

后身特征

　　圣胡安龙的耻骨相对较短，长度大约是其股骨长度的一半多。此外，圣胡安龙的股骨第四粗隆部附近还长有不平整的沟痕。这些特征有利于肌肉的附着。

发展的多样性

　　圣胡安龙跟颜地龙、始盗龙和埃雷拉龙等早期恐龙共同生存于三叠纪晚期的南美洲，研究显示卡尼阶的盘古大陆南部已有相当多的恐龙动物群。

埃雷拉龙

掠食者始祖

20世纪70年代，古生物学家在当地人埃雷拉的引导下于阿根廷圣胡安附近发现了一种恐龙化石。为了纪念埃雷拉的贡献，学者便以他的名字命名这种恐龙。埃雷拉龙是公认的世界上最古老的恐龙之一，它们处于恐龙还是很小型的时代。但是，这种中小型的掠食者已经在演化中崭露头角，并迅速崛起，日后统治地球达1.6亿年之久的各式各样的掠食者身上，都能看到埃雷拉龙的影子。

罕见的关节

埃雷拉龙的下颌有个灵活的关节，可以容许下颌骨前后移动，紧紧咬住嘴中的猎物。这种特征在其他恐龙中并不常见，但一些蜥蜴演化出了这种特征。

消化功能

古生物学家在伊斯基瓜拉斯托组发现了埃雷拉龙的粪化石。这些粪化石包含了小型的骨头，但却没有植物碎片。学者们从粪化石的矿物元素化学分析中发现，埃雷拉龙有消化骨头的能力。

3～6米（图中约为6米）

1.8米

·拉丁文学名	*Herrerasaurus*
·类	兽脚类
·食性	肉食性
·体重	210～350 千克
·体形特征	牙齿如匕首一般
·生活区域	阿根廷

捉摸不定的猎手

　　2011年，古生物学家通过对比埃雷拉龙、现生鸟类与爬行动物的巩膜环尺寸，认为埃雷拉龙可能属于无定时活跃性的动物，其觅食、运动等行为跟白天黑夜没有直接的关系。

古病理学

　　一件埃雷拉龙标本的下颌夹板骨有两个凹处，最初被鉴定为咬痕。凹处的周围肿起、多孔，显示凹处其实是因感染造成的，但感染是短时间的，没有导致该动物死亡。根据感染处的大小和角度，古生物学家推测有可能是埃雷拉龙在打斗时受伤感染。

17

理理恩龙

理理恩龙是腔骨龙超科的一属，生存于距今 2.28 亿年前。它们长得很像侏罗纪时期的双冠龙，有着长长的脖子和尾巴，后肢强壮有力，前肢却相当短小。理理恩龙是那个时代体形最大的掠食者之一，堪称当时的"顶级杀手"。理理恩龙一般生活在河畔的树林中，因为当时陆地上的其他地方都很贫瘠。

原始的特征

理理恩龙身上还显示了很多早期肉食性恐龙的特点，比如前肢上有5指，不过第4和第5指已退化缩小，后来的肉食性恐龙基本没有第4指、第5指了。

狡猾的战术

理理恩龙平时只猎食小型恐龙，迫不得已才会向板龙等大型植食性恐龙进攻。它们通常在水边袭击猎物，趁其饮水时出击，一般猎物都难逃袭击。

·拉丁文学名	*Liliensternus*
·类	兽脚类
·食性	肉食性
·体重	约 130 千克
·体形特征	长尾巴，前肢很短
·生活区域	德国

5米

1.8米

最重要的支撑

　　理理恩龙依靠后肢行走，就使得此处的肌肉变得极为强壮有力。另外，由于后肢部位是肉食性恐龙重要的猎食工具和致命要害，因此它们要非常小心不被攻击。

顶饰招来的厄运

　　理理恩龙最特别的就是头顶那招摇的脊冠了，它由薄薄的骨头构成，可想会有多么不结实了。所以，厄运也就随时会降临了。如果脊冠被攻击，可怜的理理恩龙也许就会因痛苦而放弃到嘴的食物。当然这对于猎物来说，就是逃跑的绝佳机会了！

艾沃克龙

印度霸主

三叠纪晚期的印度，生活着一种非比寻常的恐龙——艾沃克龙。在当时，当地还生活着一些植食性的原蜥脚类恐龙，它们很可能不幸地成为艾沃克龙的食物。艾沃克龙的标本只有一件，而且并不完整，只包含部分上颌骨、齿骨、大部分的股骨，以及28枚不完整的脊椎。所幸，其中的头部骨骼为我们提供了重要的信息，它们的形态与最早期的兽脚类，尤其是始盗龙非常相似。

杂食性齿

艾沃克龙的上颌有着异型齿的齿列，前段牙齿是细长笔直的，两旁的牙齿向后弯曲。这种牙齿排列方式兼顾着植食性和肉食性的特征，所以被推测是杂食性动物，会吃昆虫、小型的脊椎动物及植物等不同食物。

灵活的前肢

和其他早期肉食性恐龙一样，艾沃克龙也有相对发达的前肢，这可以使其便捷地抓取植物，或抓捕昆虫和其他小动物。

·拉丁文学名	*Alwalkeria*
·类	兽脚类
·食性	杂食性
·体重	约3千克
·体形特征	与始盗龙非常相似
·生活区域	印度

1.8米

0.5米

小腿有奥秘

　　艾沃克龙的腓骨（小腿部）和脚踝之间有一个非常大的关节，这或许为它提供了更加灵活的后肢，提高了在猎捕时瞬间的机动性。

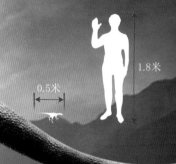

颌部减震

　　肉食性恐龙最特别之处就在于它们的下颌具有减震功能。即使猎物奋力挣扎，位于下颌后部的关节也能保证颌部不易错位。

太阳神龙

神祇之龙

2004 年到 2006 年，古生物学家在美国新墨西哥州的幽灵牧场挖掘出三叠纪晚期的兽脚类恐龙——太阳神龙。太阳神龙生活于距今 2.15 亿年前，它的发现非常重要，因为它显示了恐龙起源于盘古大陆的南部，并极快地扩散到整个盘古大陆。目前，已经发现了约 10 具太阳神龙骨骼化石，为研究提供了充足的信息。

牛肉餐刀

太阳神龙的牙齿向下弯曲且生有小锯齿，就像是一把牛排刀。因此太阳神龙一定是一种非常凶猛的食肉恐龙。

退化的第4指

太阳神龙每个爪子都有三个功能指来抓取猎物，但是还有一个非常短的第4指，可能是退化的结果。

·拉丁文学名	*Tawa*
·类	兽脚类
·食性	肉食性
·体重	约 40 千克
·体形特征	小型、敏捷
·生活区域	美国新墨西哥州

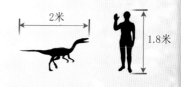

2米　　1.8米

S形脖子

　　和同期的兽脚类恐龙一样，太阳神龙也有着接近S形的脖子。这个特征延续到后期几乎所有兽脚类恐龙身上，使得掠食者脖子转动更加灵活，有利于捕猎。

轰动的发现

　　太阳神龙命名为"Tawa"。"Tawa"在霍皮印第安语中意为"太阳神"。太阳神龙是在幽灵牧场的一个"骨床"发现的。它的发现有助于古生物学家了解早期恐龙的进化。

原鸟

在三叠纪晚期，今美国得克萨斯州生活着一种比始祖鸟年代还要久远，和鸟类有相似骨骼特征的兽脚类恐龙，它就是原鸟。原鸟与鸟类有着千丝万缕的联系，但也有古生物学家表示它们具有虚骨龙类的特征。若这一推断正确，原鸟将成为最原始的虚骨龙类恐龙之一。

发现故事

1983年的夏季，印裔学者查特吉在得克萨斯州的上三叠纪地层中挖掘时，偶然发现了一些小的、中空的骨头。他发现这个动物有特殊的特征，如有胸骨、锁骨（叉骨），这是鸟类特有的特征，在头骨上最有说服力的是颌部有鸟类所特有的中空构造。查特吉认为自己找到了一只真正的鸟，足足比始祖鸟早了7 500万年。不过，这个说法的争议一直不绝。

不是鸟的原鸟

原鸟是一种兽脚类恐龙，然而其学名看起来类似一种鸟的名字，而不会让人联想起恐龙，所以经常让人们误会原鸟的真正身份。

· 拉丁文学名　　*Protoavis*

· 类　　　　　兽脚类

· 食性　　　　肉食性

· 体重　　　　不详

· 体形特征　　小型的似鸟动物

· 生活区域　　美国得克萨斯州

0.6米　　1.8米

长有羽毛

最初的研究者认为原鸟的前肢有羽茎瘤，这是一种可以让羽毛附着的构造，也据此认为原鸟具有羽毛。但是，随后的研究者并没有观察到原鸟拥有羽茎瘤或羽毛的迹象。

夜幕寻觅

原鸟与鸟类类似，长着圆圆的眼睛。眼睛位于头骨的前端，显示它们可以在黄昏或夜间行动捕食，有点类似现在的猫头鹰。

原美颌龙

原美颌龙是一种小型的兽脚类恐龙，生活在三叠纪晚期的德国。它早在 1913 年就被命名，不过化石保存很差，使其难以被准确分类。当然，其不完整的头部和后半身还是明确地表明原美颌龙属于肉食性的兽脚类恐龙。最初研究者认为它与美颌龙非常相似，是后者的祖先，早于美颌龙约 5 000 万年。不过，之后的研究并不支持这两种恐龙之间的直接关联，原美颌龙目前被归于腔骨龙类中。

致命的小牙齿

原美颌龙的牙齿很小，整齐地排列在它细长的嘴巴里。不要看原美颌龙的牙齿那么细小，一旦咬住猎物，是绝对不会松开的，直至猎物丧命。

大型爪

原美颌龙四肢虽然前短后长，但长着与它可爱体形不符的锋利大爪，为它捕食昆虫、蜥蜴或其他小型动物提供了很好的武器装备。

·拉丁文学名	*Procompsognathus*
·类	兽脚类
·食性	肉食性
·体重	不详
·体形特征	体形小，嘴长
·生活区域	德国

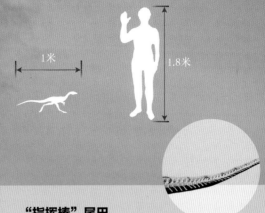

1米　　1.8米

"指挥棒"尾巴

原美颌龙有一条坚挺的尾巴。它就像音乐家的指挥棒指挥音乐会的整体演奏一样，引领着原美颌龙的整个身体，让原美颌龙快速平稳地奔跑活动、捕食猎物、躲避敌人和灾难。

无缘电影

在著名古生物科幻小说《侏罗纪公园》与《失落的世界》里，原美颌龙登场了。它是一种经过基因工程而复活的恐龙。作者将其描述成有毒动物与腐食者。当然，这只是小说的想象，并没有化石证据。而在电影《侏罗纪公园：失落的世界》中，原美颌龙被其远亲美颌龙取而代之，无缘银屏。

27

腔骨龙

1947 年，在美国新墨西哥州的幽灵牧场，古生物学家发现了一个大型的腔骨龙骨层。这么多腔骨龙的化石可能是由突然的洪水造成，它们被集体冲走、掩埋，最终成为化石。早年古生物学家在腔骨龙的腹腔中发现的一些细小的骨骼，被认为属于幼年的腔骨龙，这些骨骼有着被消化的迹象。新的研究表明，这些所谓的幼年腔骨龙其实是一些小型的主龙类，仅仅是腔骨龙的"最后的晚餐"。

不平凡的历程

你知道吗？腔骨龙曾经进入过太空呢！虽然晚于慈母龙三年，但却也是值得炫耀的经历。它的头骨被放入了"奋进号"航天飞机中，与"奋进号"共同执行任务。它被航天员带进了"和平号"太空站，但没有被留在太空中，而是最终随航天飞机返回到地球上。

两性差异

目前发现的腔骨龙有两种形态：一种较苗条，一种较强壮。古生物学家认为这代表两性异形，就是雄性与雌性腔骨龙的分别。

2～3米（图中约为3米）

1.8米

· 拉丁文学名	*Coelophysis*
· 类	兽脚类
· 食性	肉食性
· 体重	不详
· 体形特征	身体纤细矫健
· 生活区域	新墨西哥州

后弯的利齿

　　腔骨龙的嘴里布满了向后弯曲、似剑的牙齿，而且在这些牙齿的前后缘有小的锯齿边缘，这是典型的肉食性恐龙的牙齿。腔骨龙会用这样的牙齿去捕杀早期的似哺乳类爬行动物和昆虫。

尾部有法宝

　　腔骨龙长尾巴的前关节突互相交错，形成半僵直的结构，使得尾巴更加结实。当腔骨龙快速移动时，尾巴就成了舵或平衡器。

恶魔龙

魔鬼的化石

　　三叠纪晚期的南美洲阿根廷，生活着一种让人闻名就毛骨悚然的恐龙——恶魔龙！恶魔龙的化石罕见稀少，现时已知的只有一件恶魔龙化石。恶魔龙是一种中等大小的兽脚类恐龙，其脑袋硕大，长约45厘米，口中密布利齿，非常凶猛。它最醒目的特征是头上有一对脊冠，而且前上颌骨与上颌骨之间有一个小型的间隙。这些特征在早期的双脊龙类中都有体现，作用可能是便于从缝隙中抓到小动物，有学者甚至宣称这是一个适合抓鱼的特征。

不甚理想的化石

　　一般而言，中大型恐龙化石的保存往往不是那么完整，恶魔龙化石就是这样。恶魔龙化石包括一个接近完整的头骨，以及一侧的肩带，小腿及脚踝，还有12枚脊椎。另外还有一个较小的个体在同一地方被发现，但目前还没有被具体研究，不清楚是否属于恶魔龙。

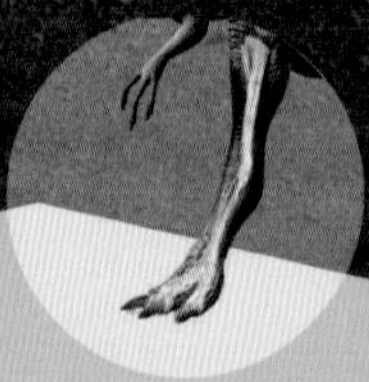

坚实的后爪

　　从图中我们可以看到，恶魔龙的两只后爪非常坚实，即便飞快地在陆地上奔跑也很平稳。如果远远望去，可能只会看到飞扬的尘土吧。

6米

1.8米

·拉丁文学名	*Zupaysaurus*
·类	兽脚类
·食性	肉食性
·体重	约250千克
·体形特征	头上有脊冠
·生活区域	阿根廷

被充分利用的前肢

　　恶魔龙像其他兽脚类一样用后腿走路。它们的前肢细长，能够用来抓猎物，而不像暴龙那样前肢短小，没有什么实际的用途。

脊冠疑云

　　和不少早期的双脊龙类一样，恶魔龙的头上也有两个小型的冠状物。不过，与双脊龙不同，这些冠状物主要是由鼻骨组成的，而双脊龙的则是由鼻骨和泪骨共同组成的。这些冠状物可能用于种内识别或者性炫耀。

雷前龙

雷龙的"变奏曲"

雷前龙是已知最古老的蜥脚类恐龙之一，生存于三叠纪晚期的非洲南部。当时的地球，陆地都聚合在一起，恐龙们可以四处迁徙，自由扩散。作为四足行走的植食性恐龙，雷前龙要比它在中生代中晚期的亲戚们小一些，但体长也达到了8米，仍然是其生活环境中最大型的恐龙。有趣的是，雷前龙还保存了一些原始的适应性演化特征，比如其前肢还保存有抓握的能力，而非单纯支撑身体。

四根巨柱

雷前龙主要以四足方式移动。它们的四肢非常强壮，像四根大柱子一样，起到支撑身体重量的作用。

灵活的前肢

与其他早期生物相比，雷前龙的腕骨较宽厚，可以支撑重量，拇指灵活，能用手掌抓东西。在进化后期的蜥脚类恐龙中，前肢已丧失了这些功能，只能用以支撑身体而不能抓取东西。

·拉丁文学名	*Antetonitrus*
·类	蜥脚类
·食性	植食性
·体重	约 1 500 千克
·体形特征	体形庞大，四肢强壮
·生活区域	南非

8米

1.8米

尘封20年的巨大发现

早在1981年，有学者就在南非发现了雷前龙的化石，存放在伯纳德普莱斯研究院，但化石名牌却被标上优肢龙的名字。直到2000年前后，才由古生物学家亚当·耶茨指出，这是一个全新物种并描述命名。

钉状利爪

雷前龙的指（趾）部末端长有尖锐的钉状利爪，这些利爪能在它们行进中起到固定地面的作用，也能在遇敌时起到防御的作用。

33

黑水龙

来自巴西的大发现

　　黑水龙属于蜥脚类，是已知最古老的恐龙之一。它的化石发现于 1998 年，化石点位于巴西东南部的一个地质公园中。与后期那些庞大的蜥脚类恐龙不同，黑水龙的体形较小，体长还不到 3 米。黑水龙的骨骼结构与欧洲的板龙非常相似，这意味着什么呢？这表明，在三叠纪的盘古大陆上，由于没有地理阻隔，恐龙动物群可自由地在盘古大陆上迁徙。因此，巴西和欧洲距离如此遥远，却有着相似的物种就不足为奇了。

灵活的手

　　黑水龙的前肢上长有5根手指，其中第5指已经极小，剩下4根指头的指尖尖锐，可帮助它们抓住树丛或者树干，既而良好地进食。

·拉丁文学名	*Unaysaurus*
·类	蜥脚类
·食性	植食性
·体重	不详
·体形特征	像一只苗条的板龙
·生活区域	巴西

2.5米　1.8米

"菜刨"牙齿

黑水龙的牙齿边缘呈锯状，就像我们常用的菜刨一样。它们会充分利用这样的牙齿构造将蕨类从枝干上拽下来，再美美地享用。

媒体宣传

黑水龙发表于2004年，属名中的"unay"，是指化石的发现地点，在葡萄牙语中是"黑水"的意思；种名则是以首次发现化石的当地居民——托伦蒂诺·马拉菲加（Tolention Marafiga）为名。

后肢站立

黑水龙的后肢可能要比前肢长且粗壮许多，表明黑水龙是用后肢站立的，所以会用后肢辅助身体去够高树上的树叶。

坎普龙

坎普龙属于腔骨龙类，生活在三叠纪晚期的北美洲，是目前已知的、最古老的新兽脚类恐龙之一。坎普龙的化石并不完整，只包括后肢的局部等一些不完整的骨骼。但这些标本已经足够表明它与腔骨龙那极其密切的亲缘关系，以至于有的学者认为坎普龙可能就是腔骨龙的一个种。不过，近年来的细致研究发现坎普龙腿部的胫骨和距骨有着区别于腔骨龙的特征，因此是有效的物种。

意料之中的食谱

坎普龙的脑袋又长又窄，嘴巴里是锐利的锯齿状牙齿，表明它是肉食性恐龙。坎普龙的食谱可能包括小蜥蜴或昆虫。与腔骨龙类一样，它们可能以小群体的方式进行集体捕猎。

狂奔求生

坎普龙的体形纤细，在强大的后肢的推动下，想必是一种善于奔跑的恐龙。较快的速度在三叠纪晚期显得非常重要，不但可以更高效地抓住猎物，而且可以及时躲避天敌。要知道，恐龙在那时还不是王者。

艺术家的揣度

坎普龙属于腔骨龙超科。这是一群出现在三叠纪晚期至侏罗纪早期的恐龙，生存范围非常广泛，遍布各地。可是对于其确切的外观仍不是很清楚。于是艺术家们就用丰富的想象力将它们的身体外表绘成羽毛或鳞片形态。

3米

1.8米

· 拉丁文学名	*Camposaurus*
· 类	兽脚类
· 食性	肉食性
· 体重	约 50 千克
· 体形特征	与腔骨龙非常相似
· 生活区域	美国亚利桑那州

巧妙的头骨

　　和腔骨龙类的其他成员一样，坎普龙的头部也有着大型的开孔，这有助于减轻头骨的重量，而头部骨骼之间的巧妙搭配，也足以为骨骼结构提供足够的强度。

鼠龙

像只小鼠的恐龙宝宝

鼠龙是一种生活在三叠纪晚期的植食性恐龙。鼠龙就是"老鼠蜥蜴"的意思。顾名思义，鼠龙的幼体体积并不大，它的体积大约只有现代的一只成年猫那么大，身长仅 0.2 ~ 0.4 米。然而，其成年体身长可达 6 米。

宝宝有大眼

你注意到没有，恐龙宝宝的眼睛都显得特别大，而成年恐龙的眼睛就没那么大了，这是为什么呢？有专家认为，这是因为幼年恐龙的面颅很小，眼睛位于脸的中部。而随着年龄增加，面部会拉长，眼睛逐渐处于脸部的三分之一处。所以，和成年恐龙相比，幼年恐龙的眼睛会显得大一些。另一种解释则是眼区随着面部长大在相应增大，而到一定年龄之后，其变化会相对停止。

扎堆生活

1970年，古生物学家在阿根廷发现了一窝蜥脚类小恐龙，同时被发现的还有蛋巢和蛋壳，这对我们研究蜥脚类恐龙的繁衍非常有帮助。学者推测，蜥脚类恐龙宝宝小时候会聚集在一起生活，并躲在蕨类丛中躲避敌害。

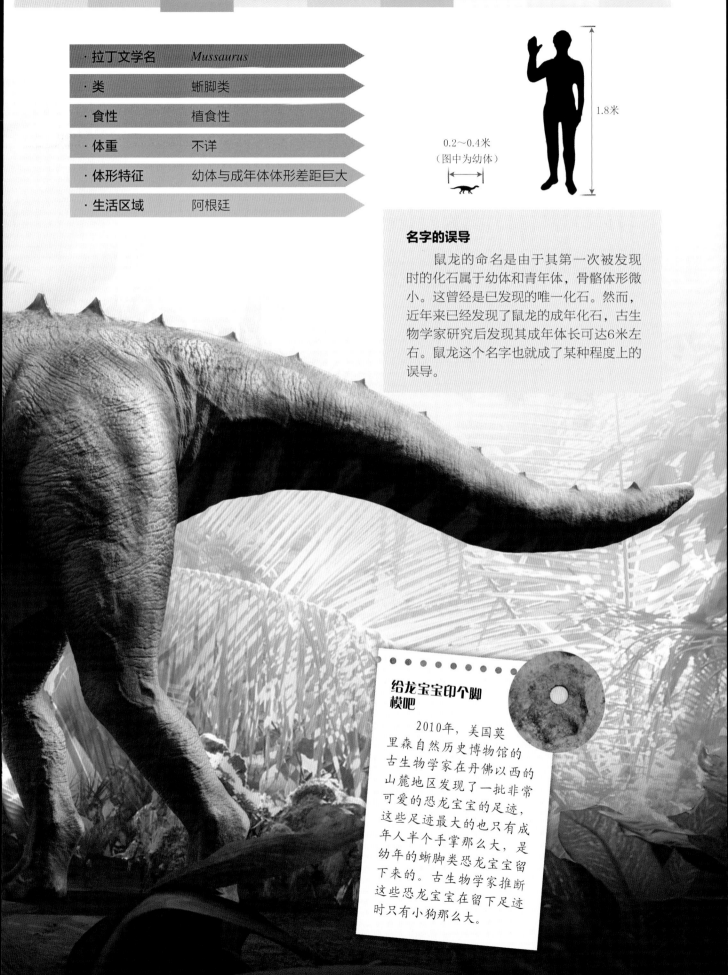

·拉丁文学名	*Mussaurus*
·类	蜥脚类
·食性	植食性
·体重	不详
·体形特征	幼体与成年体体形差距巨大
·生活区域	阿根廷

1.8米

0.2～0.4米
（图中为幼体）

名字的误导

　　鼠龙的命名是由于其第一次被发现时的化石属于幼体和青年体，骨骼体形微小。这曾经是已发现的唯一化石。然而，近年来已经发现了鼠龙的成年化石，古生物学家研究后发现其成年体长可达6米左右。鼠龙这个名字也就成了某种程度上的误导。

给龙宝宝印个脚模吧

　　2010年，美国莫里森自然历史博物馆的古生物学家在丹佛以西的山麓地区发现了一批非常可爱的恐龙宝宝的足迹，这些足迹最大的也只有成年人半个手掌那么大，是幼年的蜥脚类恐龙宝宝留下来的。古生物学家推断这些恐龙宝宝在留下足迹时只有小狗那么大。

板龙

三叠纪陆地巡洋舰

板龙是当之无愧的恐龙明星，它是三叠纪最大的恐龙，也是三叠纪最大的陆生动物。板龙的化石发现于 1834 年，并在 1837 年被科学描述，所以它们也是最早被命名的恐龙之一。在分类上，板龙属于原蜥脚类。这类恐龙通常都成群活动，穿越三叠纪晚期那干旱的地区寻找新的食物来源。

密集的小牙

板龙嘴巴里的牙齿密密麻麻，前上颌骨上有5~6颗，上颌骨上有24~30颗，齿骨（下巴）上有21~28颗。这些小牙齿的边缘都有锯齿，齿冠则呈现叶状，使其适合吞食植物。

板龙的邻居们

发现板龙的骨床以及同时代的化石显示，板龙的邻居们除了恐龙还包括早期的龟类原颌龟，以及离片锥类（一种原始的两栖类）、坚蜥类、原始哺乳类、翼龙类、喙头蜥类和鱼类等。

·拉丁文学名	*Plateosaurus*
·类	蜥脚类
·食性	植食性
·体重	1 300 ~ 1 900 千克
·体形特征	长脖子和长尾巴的大型恐龙
·生活区域	德国 瑞士 法国

8~9米（图中约为8米）

1.8米

胃石的功效

　　板龙没有咀嚼用的颊齿，因而会吞下石子储存在胃里。然后通过胃的蠕动使得这些石头起到搅拌的作用，将吃进去的植物碾磨成糊状体。

"最深的恐龙"

　　1997年，北海北端的斯诺尔油田的石油工人在探钻沙岩层时，在海平面下的岩芯中发现了化石。最初学者以为这黑乎乎的标本是某种植物化石，但到了2003年，来自挪威奥斯陆大学的古生物学家却发现这块化石属于板龙，是一个压碎的膝盖化石，使得板龙成为北海第一龙，并被誉为"最深的恐龙"。

41

槽齿龙

林间居民

　　槽齿龙生活在三叠纪晚期的英格兰地区，这是一种体形纤细的动物，长着小脑袋、长脖子和长尾巴。它可能大部分时间四肢着地，吃长在低处的植物，有时也用后腿站立起来，去吃长在高处的树叶。当时的英格兰地区气候温暖而干燥，槽齿龙所属的蜥脚类恐龙已经逐渐成了优势植食性动物，但它们仍然饱受劳氏鳄类的威胁。

爱吃植物的小家伙

　　作为一种植食性恐龙，槽齿龙的牙齿也有锯齿状边缘，齿冠呈叶状。与它们的亲戚们相比，槽齿龙的头部较长、较狭窄，牙齿也较多一些，这些差异可能是对食物适应性的演化造成的。

- 拉丁文学名　*Thecodontosaurus*
- 类　蜥脚类
- 食性　植食性
- 体重　约 40 千克
- 体形特征　头部较窄长
- 生活区域　英格兰

2.5米

1.8米

恐龙研究史

你知道吗？槽齿龙是第4种被命名的恐龙，前三个分别为兽脚类的巨齿龙（1824年）、鸟脚类的禽龙（1825年）、覆盾甲龙类的林龙（1833年）。槽齿龙也是第一个被科学描述的三叠纪恐龙。

"二战"的殉难者

1940年第二次世界大战期间，槽齿龙的模式标本化石在德国的空袭中灰飞烟灭了。所幸的是，战后古生物学家又在英国的其他地点发现了槽齿龙化石。

行动敏捷

槽齿龙的后肢长于前肢，但相差并不悬殊。这显示这种恐龙可能更加倾向于四足行走，可以敏捷地穿行于古老的林地中。

黑丘龙

强壮的陆行者

黑丘龙于 1924 年被古生物学家描述，是一种大型的植食性恐龙，属于原始的蜥脚类恐龙。它们可能成群地生活在三叠纪晚期的南部非洲。黑丘龙身体巨硕，四肢健壮，所以应该是四足行走的。黑丘龙此前被归入原蜥脚类，如今则认为它是已知最早的蜥脚类恐龙之一，具有许多原始的特征，对研究蜥脚类恐龙的演化非常有帮助。

牙齿分布

黑丘龙的前上颌骨上有 4 颗牙齿，这是种原始的蜥脚类恐龙的特征。而它的上颌骨上则有 19 颗牙齿。较多的牙齿有助于黑丘龙更好地摄取植物。

·拉丁文学名	*Melanorosaurus*
·类	蜥脚类
·食性	植食性
·体重	约 1 300 千克
·体形特征	巨大的身体
·生活区域	南部非洲

8米

1.8米

大型化

　　黑丘龙的头骨长约25厘米，口鼻部略尖。头部整体呈三角形。黑丘龙之所以进化出庞大的身躯，可能是用来抵御其他掠食者。

中空的脊椎

　　和后期的蜥脚类恐龙一样，黑丘龙的椎体也是中空的，这种构造可以有效地减轻体重。此外，蜥脚类的脊椎有着相对复杂的构造，是分辨不同物种的重要线索。

足够大的内脏

　　消化植物是一个较消化肉类更为繁复的生物化学过程，所以一般植食性恐龙都需要大的内脏。由于这些内脏都位于骨盆之前，两足的平衡日益困难，因而恐龙变得很大，并渐渐演化成四足行走。

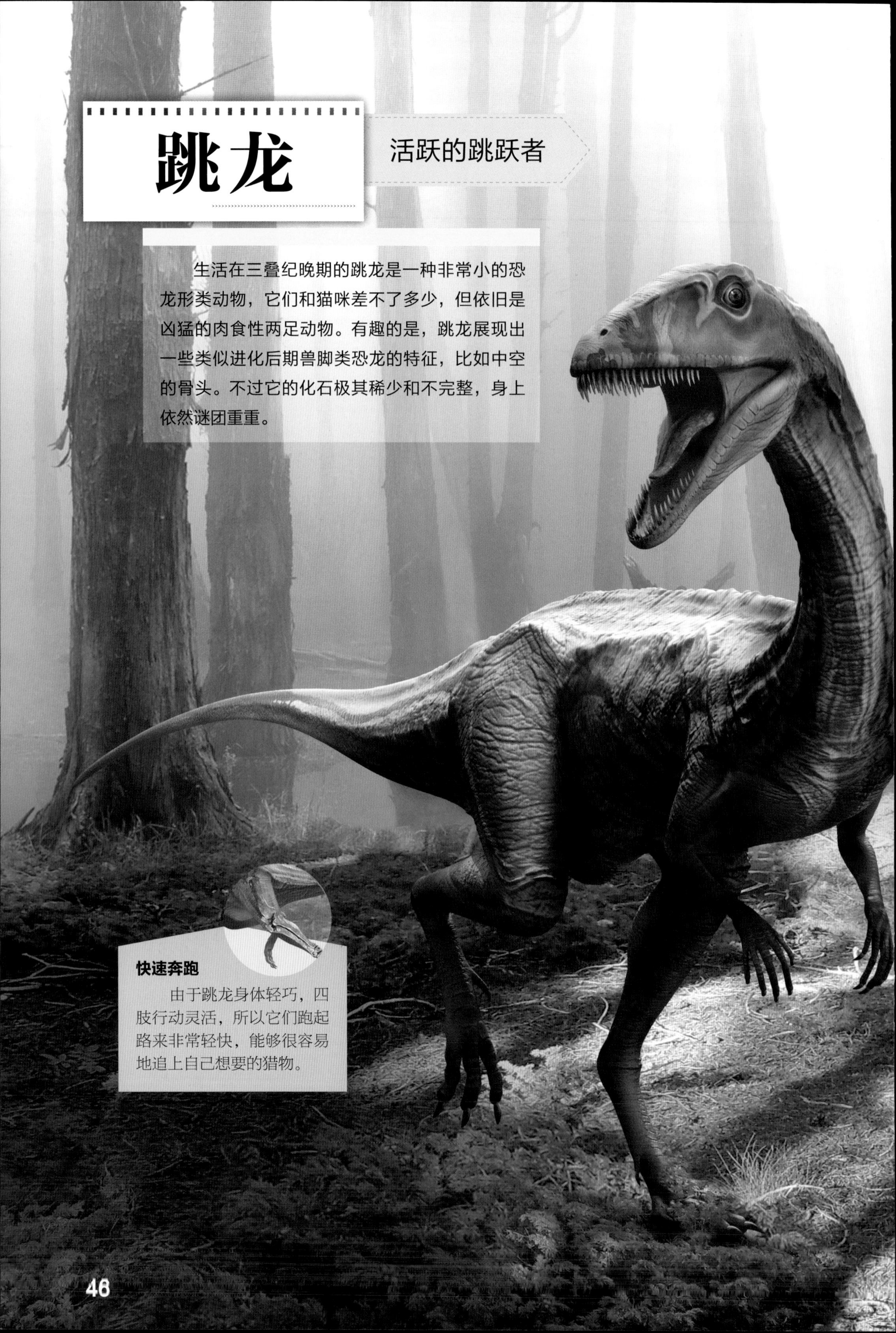

跳龙

生活在三叠纪晚期的跳龙是一种非常小的恐龙形类动物，它们和猫咪差不了多少，但依旧是凶猛的肉食性两足动物。有趣的是，跳龙展现出一些类似进化后期兽脚类恐龙的特征，比如中空的骨头。不过它的化石极其稀少和不完整，身上依然谜团重重。

快速奔跑

由于跳龙身体轻巧，四肢行动灵活，所以它们跑起路来非常轻快，能够很容易地追上自己想要的猎物。

46

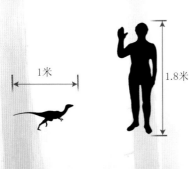

1米　1.8米

·拉丁文学名	*Saltopus*
·类	恐龙形类
·食性	肉食性
·体重	约1千克
·体形特征	体形较小，牙齿呈小刀状
·生活区域	苏格兰

成群结队

　　虽然没有足够的化石证据，但有些古生物学家认为，如此小巧的跳龙，很可能成群活动。它们会一起捕食，也会共同抵御更大型的掠食者。

利爪猎杀

　　跳龙的前肢上长有锐利的爪子，这样的利爪可以帮助它们很好地抓住猎物，然后慢慢享用。

颇具争议

　　跳龙的分类极具争议，最初被认为是基干的兽脚类，与埃雷拉龙是近亲。而后有学者甚至激进地认为跳龙是腔骨龙类（如腔骨龙或原美颌龙）的未成年个体。另有学者认为，跳龙属于一种原始的恐龙形类，与兔鳄有亲缘关系。最近又有学者认为跳龙确实是属于恐龙形类，但比西里龙类原始。

47

始奔龙

始奔龙是近年来新发现的原始鸟臀目恐龙，生存于三叠纪晚期的南非。始奔龙的化石非常重要，是目前最完整的三叠纪鸟臀目恐龙化石，这对我们研究鸟臀目恐龙早期的演化打开了一扇弥足珍贵的窗。它的化石包括了部分头骨、下颌、脊椎以及四肢。从化石上判断，始奔龙的体形较小，运动能力颇佳。

家族简史

始奔龙是一种非常原始的鸟臀目恐龙，鸟臀目最终演化出覆盾甲龙类、肿头龙类、鸟脚类等，包含了我们熟知的剑龙、甲龙、三角龙、鸭嘴龙等。学者通过分支系统学研究认为始奔龙比异齿龙类与皮萨诺龙更高级，比莱索托龙更为原始，并形成颌齿类的姐妹演化支。

快速奔跑

始奔龙的胫骨长于股骨，这样的结构说明始奔龙善于奔跑，是一名快速奔跑者。

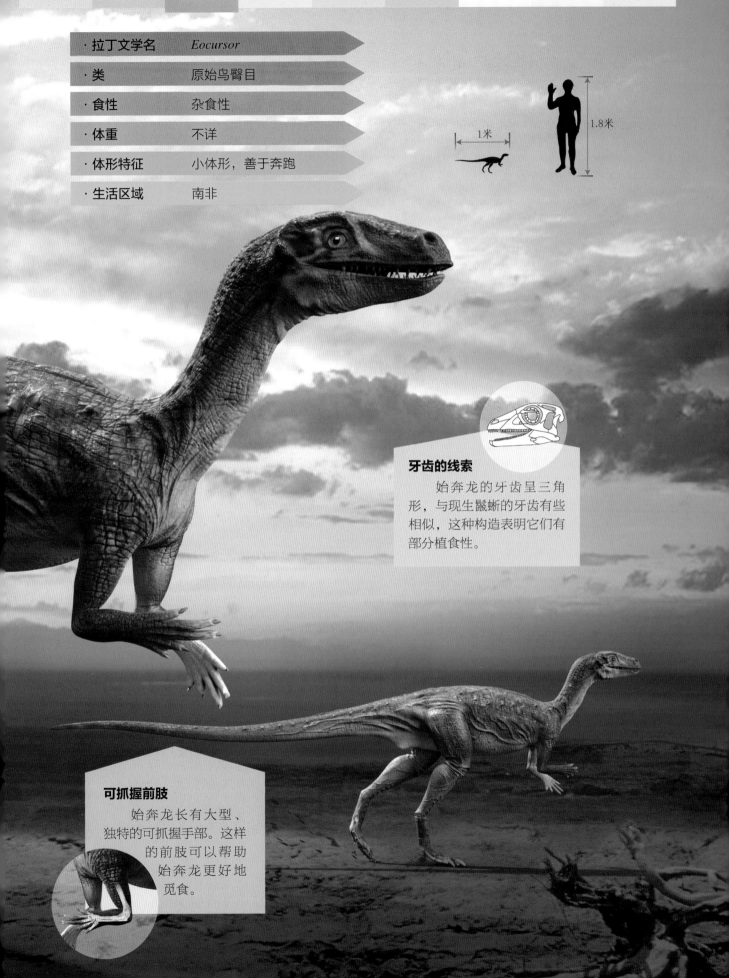

· 拉丁文学名　　*Eocursor*

· 类　　　　　　原始鸟臀目

· 食性　　　　　杂食性

· 体重　　　　　不详

· 体形特征　　　小体形，善于奔跑

· 生活区域　　　南非

1米　　1.8米

牙齿的线索

　　始奔龙的牙齿呈三角形，与现生蜥蜴的牙齿有些相似，这种构造表明它们有部分植食性。

可抓握前肢

　　始奔龙长有大型、独特的可抓握手部。这样的前肢可以帮助始奔龙更好地觅食。

49

侏罗纪

禄丰龙 开启中国恐龙研究的第一龙

禄丰龙生存于距今 1.9 亿年前的侏罗纪早期，其化石出土于中国云南禄丰县著名的恐龙山。地质学家们挖掘出了禄丰龙的骨骼化石，并组装成完整的骨架模型，其在中国古生物学界的历史地位非同凡响。禄丰龙是一种群居恐龙，用四肢行走，行走的时候用身体后部的尾巴来保持身体的平衡。

小巧的头骨

禄丰龙的头骨较小，鼻孔呈三角形，眼前孔小而短高，眼眶大而圆。眼部的这个特征表明它的视力或许不错呢！

牙齿的秘密

禄丰龙的牙齿比较小，也不是很尖锐，但在前后缘有一些锯齿状结构，这可以帮助它们剥下树叶或者较嫩的根茎。

·拉丁文学名	*Lufengosaurus*
·类	蜥脚类
·食性	植食性
·体重	约 1 700 千克
·体形特征	中等体形，小头骨
·生活区域	中国云南省

9米

1.8米

修长的身体

禄丰龙的颈部较长，有10枚颈椎，非常粗壮。背脊有14枚，荐椎有3枚，尾椎有45枚。通过这些数量可以看出禄丰龙的身体修长。这些形态各异的椎骨，共同协作支撑着禄丰龙庞大的身躯。

第一枚恐龙邮票

1958年4月15日，我国国家邮政总局发行了世界上第一枚恐龙邮票。中国古生物特种邮票一共3枚，编号为"特22"，其中第二枚邮票就是禄丰龙的骨架复原图。

53

云南龙

云南龙生活在侏罗纪早期，与著名的禄丰龙有着亲缘关系，是继发现禄丰龙之后又一重大发现。它们不仅都有一个庞大的身躯和既粗又壮的后肢，还共同居住在植物丰富的地方，享受着属于自己的世界。但是，危险无处不在。当它们长途迁徙到他乡，很容易就会成为食肉性恐龙的猎杀目标。云南龙几乎没有什么防御武器，所以以群居抵御敌人的侵袭，体现着"团结力量大"的道理。

头骨特写

云南龙长有一个很长的头骨，其上有一个三角形鼻孔；眼前孔小而短高；眼眶大而圆；下颌关节低于牙齿列面。此外，云南龙的上枕骨和顶骨之间还有一个未骨化的缝隙。

易磨损的牙齿

古生物学家们从云南龙的牙齿化石上发现了磨尖的现象，在原蜥脚类恐龙中可谓相当独特。它的牙齿呈筒状，边缘扁平，就像一个凿子。牙齿尖端会沿着一定的角度不断磨蚀，最终形成尖锐的咀嚼面。当然，如此构造可以协助云南龙更好地咀嚼植物，帮助其消化。

· 拉丁文学名	*Yunnanosaurus*
· 类	原蜥脚类
· 食性	植食性
· 体重	约 230 千克
· 体形特征	头骨很长
· 生活区域	中国云南省

5米

1.8米

自由晃动的脖颈

云南龙的脖子非常灵活，因而其上的肌肉很发达。它们依靠长长的颈部吃到树梢嫩叶；同时也会驱逐一些小型昆虫，免得被它们不断骚扰。

重大发现

云南龙的第一个标本是由中国著名的古生物学家王存义和杨钟健在中国云南省的禄丰发现的。目前已在当地发现20多个骨骼化石（包含2件头骨），对研究蜥脚类恐龙极具意义。

55

大椎龙

奇特的非洲来客

1853年，英国学者在南非的哈利史密斯发现了一批恐龙化石。次年，英国古生物学家理查德·欧文认为这批化石包括了3个物种，其中尾巴最大的那只，就是我们的主角——大椎龙。后世的研究发现这3个物种其实都是来自同一属种。大椎龙的模式标本存放于伦敦的英国皇家外科医学院，但在第二次世界大战期间遭到轰炸摧毁，只有部分头骨还幸存。

开孔可减负

和其他恐龙一样，大椎龙的头骨也有着各种窝孔，从上图你可以清晰地看到外鼻孔、眶前孔、眼眶、侧颞孔、上颞孔以及下颌孔。这些林林总总的开孔可以让脑袋不至于太重。

四足还是两足

长久以来，大椎龙被认为是四足行走的动物，但2007年的研究发现，大椎龙的前肢并不发达，爪部转动幅度有限，很难用于支撑前肢，所以大椎龙很可能是两足行走的动物。

意义非凡的胚胎

加拿大多伦多大学研究团队在南非发现了6枚恐龙蛋，其中保存了极为完整的恐龙胚胎。这是迄今为止最古老的恐龙胚胎，而这窝恐龙蛋化石的主人就是大椎龙。

4～6米（图中约为4米）

1.8米

·拉丁文学名	*Massospondylus*
·类	蜥脚类
·食性	植食性
·体重	约 200 千克
·体形特征	尾巴粗壮
·生活区域	非洲 美洲

独特的前肢

　　大椎龙的每个"手掌"都有5根手指，可用来协助进食或抵御掠食者。"手掌"的第4指与第5指较小，没什么太大用处。2007年的研究指出大椎龙的双手手掌面朝内侧。

57

冰冠龙

南极第一龙

冰冠龙的命名是因为在其头部有一个类似于现在"飞机头"的冠状物。冰冠龙是一类大型的双足兽脚类恐龙，是1991年由威廉姆博士在南极洲发现的。冰冠龙是南极洲首次记录的恐龙。

鲜艳的花纹

不同的生存环境使得动物有着不同的形态颜色，侏罗纪早期的南极洲生长着茂盛的植被，是动植物的乐园。生活在此的冰冠龙身上有着鲜艳的花纹，穿梭在这片生机勃勃的土地上。

·拉丁文学名	*Cryolophosaurus*
·类	兽脚类
·食性	肉食性
·体重	约 350 千克
·体形特征	眼睛上方有突出脊状物
·生活区域	南极洲

6米

1.8米

标准的杀戮工具

冰冠龙有满口尖锐的牙齿，和其他早期兽脚类一样，这些牙齿是当地植食性恐龙最害怕的杀戮工具。

奇特的脊冠

冰冠龙最显著的特点莫过于位于眼眶上方的奇特脊冠，这个脊冠犹如撕开且两端上翘粘在头顶的银杏叶，形状前翘、上举。

卓越的视力

南极洲在侏罗纪早期并不处于地球的最南端，但是处于高纬度的冬天仍然会很暗。在这种环境下，能够生存于此的冰冠龙一定会有较强的视觉能力。

双冠龙

卡岩塔的恶魔

一种体形巨大、头上顶着两片大大骨冠的恐龙，生活在距今约1.93亿年前的美国亚利桑那州。1942年发现的化石显示，双冠龙的嗜好如同秃鹰一般，喜欢吞食大型蜥脚类恐龙的死尸。早期有学者推断，双冠龙可以轻松地用双脊撑开死尸的皮肤，以便更好地进食。但是，后期的研究表明，这个假说实在太过于天马行空了。

银幕亮相

在1993年上映的著名电影《侏罗纪公园》中，双冠龙的颈部拥有可收缩的皱褶，类似褶伞蜥；还能射出致盲毒液，使猎物失明且瘫痪，就像喷毒眼镜蛇。但事实上没有任何证据证明双冠龙有这种行为。

似花蛇的尾巴

双冠龙的尾巴呈巧克力色，从尾根到尾尖分布着如奶油般的白圆圈。随着双冠龙的奔跑，其尾巴远远望去，就像一条粗壮的花蛇在空中翻滚。当然，如此奇特的外貌是由艺术家们想象出来的。

· 拉丁文学名　　　*Dilophosaurus*

· 类　　　　　　　兽脚类

· 食性　　　　　　肉食性

· 体重　　　　　　约 400 千克

· 体形特征　　　　头顶有骨冠

· 生活区域　　　　美国亚利桑那州

灵活 "取物"

双冠龙的鼻部前端柔软灵活而且特别狭窄，所以它可以将躲避在低矮的树丛中或石头缝里的小小蜥蜴们及其他小型动物衔出来吃掉。

头冠 "争宠"

头冠作为一种装饰，其意义在于求偶，因为其脆弱性不适合打斗，所以在求偶的季节就成了双冠龙炫耀的工具。头冠较大者可以获得更大的领地，获得更多的交配权。

7米

1.8米

拉金塔龙

龙龙一窝

侏罗纪早期的鸟臀类两足动物的化石一直神秘地藏在委内瑞拉的地下世界中。当古生物学家发现时，这些化石给人们展现了一幅侏罗纪时期拉金塔龙的生活场景——集体生活。大家生活在一起，睡在一起，共同进食。拉金塔龙的"群居性"也为鸟臀目恐龙的群居行为提供了早期证据。

细长的尾巴

拉金塔龙有一条和它体形相匹配的细长尾巴，其长度几乎占据半个身体，这样拉金塔龙在奔跑时可以快速平稳地前进而不会摔倒在地。

强健的双脚

拉金塔龙的双脚形态很像鸡的双脚，但比鸡脚更为强壮和锋利。这样它就可以在险象环生的侏罗纪早期快速躲离危险，并且轻而易举地捕食昆虫。

1米

1.8米

· 拉丁文学名	*Laquintasaura*
· 类	原始鸟臀目
· 食性	杂食性
· 体重	约 3 千克
· 体形特征	娇小如犬
· 生活区域	委内瑞拉

吃"小强"的恐龙

　　拉金塔龙是一种杂食性动物，不仅吃植物，还吃昆虫。蟑螂就是它的食物之一。别看蟑螂让人类很讨厌，但它可是这个星球上最古老的昆虫之一，与恐龙生活在同一时代，亿万年来它的外貌基本没变化。

矛状的牙齿

　　拉金塔龙的牙齿像极了中国古代的兵器——矛，这些看上去瘆人的牙齿能瞬间穿透猎物，当然也可以便利地拽下植物。

鲸龙

举步"地动山摇"

1841年人们通过几颗牙齿以及几块骨头宣布发现了鲸龙这个物种，1870年一个不完整的骨骼在英国被发现，终于让人们意识到鲸龙是多么庞大的动物。鲸龙是较早被发现的恐龙之一，人们惊叹于这种动物的庞大，所以就以海洋中最大生物鲸为其命名，意为"陆地上的鲸"。

中空脊骨

鲸龙的椎体有很多中空的腔室，这能帮助鲸龙减轻很多负担，更好地行走在侏罗纪的世界里。

意外的发现

1968年夏，在英格兰拉特兰地区一个挖掘工地上，发现一具全长约15米的化石。虽然当时没有被完全挖出，但是挖掘出的骨骼化石成了目前英国最完整的恐龙化石之一。

行动缓慢

鲸龙的四肢差不多等长，柱状的四肢都有两米多长，这类蜥脚类恐龙一般都不会特别敏捷。

· 拉丁文学名　　*Cetiosaurus*

· 类　　　　　　蜥脚类

· 食性　　　　　植食性

· 体重　　　　　约 11 000 千克

· 体形特征　　　尾部长，颈部稍短

· 生活区域　　　英国 摩洛哥

16米

1.8米

不灵活的长脖子

　　鲸龙的身体与颈部等长，不灵活的颈部可能只能够在3米的弧形内进行活动，鲸龙只能低头喝水以及啃食蕨类叶片和小型的多叶树木。

65

蜀龙

蜀之传说

在侏罗纪中期的四川盆地，生活着一种原始的蜥脚类恐龙，其丰富的化石从自贡大山铺恐龙公墓中发现，它就是蜀龙。随着其化石的不断出现，古生物学家对它有了更加全面的了解。

锤下之鬼

蜀龙一个如儿童足球大小的尾锤令很多肉食性动物闻风丧胆。你千万不要惹到它，否则后果不堪设想。

攻防一体

蜀龙的尾端有4节逐渐进化成棒状的骨质似锤尾椎，还伸出两对5厘米长的尖刺。当蜀龙受到攻击时，就会用这样的"武器装置"击退敌人。

· 拉丁文学名	*Shunosaurus*
· 类	蜥脚类
· 食性	植食性
· 体重	不详
· 体形特征	脖子占身长的 1/3
· 生活区域	中国四川省

9.5米

1.8米

齿系的构成

　　蜀龙共有4颗前颌齿，17颗至19颗上颌骨齿和21颗齿骨。它的牙齿显现出勺子的形状，边缘没有锯齿。这样的牙齿构造会让蜀龙只能吃些柔软的嫩植物。

长脖子比例

　　蜀龙一共有12节颈椎，脖子的长度约是全身的1/3。单看蜀龙你一定会觉得脖子很长，但其实若与其他长颈蜥脚类相比的话，它的脖子还是很短的。

峨眉龙

灵山来客

现在的"天府之国"四川，在侏罗纪中期同样也是植食性恐龙的天堂，繁茂的植被下厚厚的"叶海"蔓延到远处，银杏与松木共长，蕨类成堆。在这个"天堂"之中峨眉龙漫步其中，细长的脖子在嫩叶之间穿梭，偶尔到来的捕食者看见峨眉龙荡起的尾巴，只能够在四周来回游荡，久久不敢靠近。

牙齿结构

峨眉龙长着生有锯齿状前缘的粗大牙齿，这种牙齿可以使其轻松对付松枝松针、植物茎块等。

长脖子

峨眉龙有17节颈椎，超过了蜥脚类的平均值。最长的颈椎和背椎相差3倍，而相较于尾巴来说，峨眉龙的颈椎超过其1.5倍。

·拉丁文学名　　*Omeisaurus*

·类　　　　　　蜥脚类

·食性　　　　　植食性

·体重　　　　　4 000 ~ 4 800 千克

·体形特征　　　头部呈楔形，脖子很长

·生活区域　　　中国四川省

14～20米（图中约为15米）

1.8米

重锤敲击

　　峨眉龙是一个玩锤高手，当遇到敌人之时，峨眉龙就会荡起它的尾巴，将由最末几节尾椎膨大并愈合在一起、呈纺锤状的尾锤打到敌人身上，有的捕食者会立即吓跑，倒霉的捕食者将会被打断腿骨。

温馨组合

　　在四川的自贡恐龙博物馆中，陈列着一副全长20米，头离地面约10米的恐龙化石，这就是峨眉龙的骨骼化石。它旁边还有一只稍小的峨眉龙宝宝，这一对温馨的组合目前可是该馆的恐龙大明星！

69

川街龙

　　丛林之中，一只肉食性恐龙在川街龙们的周围蠢蠢欲动。川街龙们由于正在寻找新鲜的树叶而放松了警惕，但是怵于川街龙巨大的身形，肉食性恐龙并不敢只身向前，只能在观望一阵后悻悻离去。沧海桑田，日月更迭，曾经令肉食性恐龙都望而生畏的川街龙，如今变成了中国云南省的十余具珍贵的化石。

结实的"柱子"

　　虽然川街龙的前肢短于后肢，但粗壮的四肢也可以有效地支撑巨大的身体。川街龙胫骨短于股骨，距骨与跟骨不愈合，前后足的第1趾的末爪皆很发达，第5趾已经退化。

超强震慑

　　川街龙唯一的武器就是它的鞭状尾。在面对敌人的时候，庞大身躯带来的震慑力加之群体自卫，使得其他的敌害见到它们只能绕道而行。

·拉丁文学名	*Chuanjiesaurus*
·类	蜥脚类
·食性	植食性
·体重	25 000 千克
·体形特征	体形巨大，头部小
·生活区域	中国云南省

24米

1.8米

沉睡的巨龙

　　作为我国发现的较大恐龙之一的川街龙，其发现地位于云南老长箐村村后山坡约300米处。八具恐龙化石完整地西向纵卧，其中拥有2米长肋骨的恐龙是其中最大的一只。分析表明，这条恐龙生前体长在24米以上。

长脖子的秘密

　　长脖子可以让川街龙节省更多的体力达到最大的觅食范围。即使川街龙的身体不动，川街龙环绕在颈骨周围的肌肉、肌腱和韧带也可以使其进行有效的活动，使效率最大化。

71

巨齿龙

《荒凉山庄》的首秀

　　1677 年，当人们首次在英格兰发掘到巨齿龙的时候，他们认为这些巨大的骨头属于远古巨人或传说中的龙，便把它说成是"巨人的遗骨"。直到 1823 年这些化石才由英国地质古生物学家威廉姆·巴克兰作了科学的记述。巨齿龙生活在侏罗纪中期，是最早被命名的恐龙。巨齿龙也是第一种在通俗书籍中被提到的恐龙，它的首次亮相是在狄更斯 1852 年的小说《荒凉山庄》中。

步调分析

　　巨齿龙类足迹化石是非常常见的遗迹化石，这些足迹都基本处在一条直线上，这告诉我们恐龙是如何行走的。

· 拉丁文学名	*Megalosaurus*
· 类	兽脚类
· 食性	肉食性
· 体重	约 700 千克
· 体形特征	巨大锯齿状牙齿
· 生活区域	英国

6米

1.8米

匕首"亮相"

大而尖的牙齿布满整个口腔，每一颗牙齿都相当于小型哺乳动物的整个颌部。后弯倒钩、边缘锯齿和牙根深陷，即使是面对一场厮杀，巨齿龙也可以从容面对。

可怕的前肢

除了牙齿，锋利的爪子也是巨齿龙的一件利器。当面对猎物的时候，其利爪可以轻易撕开猎物的外皮，接着就会撕碎皮下的肉。

巨齿龙的第一张复原图

巨齿龙最初的复原图模型就像中国的剪纸龙，大头、方身、四足行走。但其实巨齿龙的四肢是前短后长的，靠两足行走。

气龙

在侏罗纪中期的四川省大山铺，生活着一种活跃敏捷的掠食者——气龙。它们在捕食的时候能够一跃而起，张开血盆大口，趁猎物放松警惕时攻其不备，那时的丛林中经常会上演这种殊死搏斗的剧目。气龙因此成为大山铺恐龙动物群中的一方霸主，更是植食性恐龙最凶猛的天敌。

- 拉丁文学名　　*Gasosaurus*
- 类　　　　　　兽脚类
- 食性　　　　　肉食性
- 体重　　　　　约 700 千克
- 体形特征　　　匕首状牙齿
- 生活区域　　　中国四川省

1.8米

暴力撕咬

气龙具有独特的匕首状的侧偏牙齿，前缘生有小锯齿。这样的牙齿构造使它们能够轻而易举地撕裂生肉。

有趣的命名

恐龙的命名方式可谓千奇百怪，而对于"气龙"这个名字来说，就是因为纪念在1985年发现它的天然气公司而得名的。

灵活穿梭

气龙的趾端上长有尖锐的利爪，加之强有力的后腿，使之能够自由地漫步在大地之上，快速地行进奔跑。

利爪锋芒

气龙短小的前肢虽然并不能支撑强壮的身躯，但是长有利爪的前肢能够在捕抓小型动物的时候起到重要作用。

耀龙

招摇的炫耀

2006 年，内蒙古宁城县的道虎沟发现了小型手盗龙类的恐龙——胡氏耀龙。耀龙生活在距今 1.64 亿年前的侏罗纪中期，其化石中保存了精美羽毛的痕迹。它的羽毛只起装饰作用，是迄今发现的最早的纯装饰用的羽毛。

天生大龅牙

耀龙的前颌长着向前倾斜的牙齿，在众多恐龙中只有恶龙长着同样的牙齿。此种牙齿可以协助耀龙捕食昆虫及鱼类。

· 拉丁文学名	*Epidexipteryx*
· 类	兽脚类
· 食性	肉食性
· 体重	约 0.2 千克
· 体形特征	尾巴有 4 根带状尾羽
· 生活区域	中国内蒙古

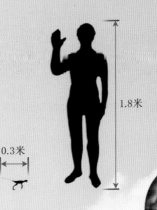

1.8米

0.3米

大眼看侏罗

如鸽子大小的耀龙，长着一双大眼睛，这样的大眼睛在成年恐龙中并不常见。卓越的视力能够使耀龙快速地发现飞虫等猎物。

炫耀功能

耀龙和鸟翼类是近亲。耀龙虽全身覆盖羽毛，但因缺乏飞羽而无法飞翔。不过尾部的带状尾羽有着鲜艳的颜色，在求偶的时候，可以以此进行炫耀。

羽毛的演化

对于羽毛的起源，固有观念认为只有一些原始鸟类才具备。当耀龙这个侏罗纪动物身上也被发现长有羽毛以后，使得羽毛的演化要比从前认为的更加复杂。

盐都龙

千年盐都的精灵

　　作为"千年盐都"的自贡，在1973年，出土了一具恐龙化石。这种小型的鸟脚类恐龙生活在侏罗纪中期，常常以群居的形式在湖岸平原栖息。盐都龙的体形较小，经常会受到大型恐龙的侵扰。所以盐都龙会以自己的奔跑优势来甩开天敌。故而也有人称盐都龙为恐龙家族中的"羚羊"。

双目的延展

　　古生物学家根据颧骨弯曲的程度，复原出盐都龙大而圆的眼睛。研究也显示出盐都龙拥有敏锐的视觉，使其能够在捕猎者横行的远古时代拥有开阔的视野，保证自身的安全。

拉丁文学名	*Yandusaurus*
·类	鸟脚类
·食性	杂食性
·体重	约 140 千克
·体形特征	脑袋小，眼睛大而圆
·生活区域	中国四川省

3米

1.8米

渐变的尾巴

盐都龙的尾巴长度约有整个身长的一半，颜色从臀部延伸到尾尖逐渐变浅，上面附有巧克力色的条纹。当然，这只是艺术家的想象而已。

盐都的由来

"千年盐都"四川自贡自古以来就是采盐重地。19世纪70年代，自贡有井707口、烧盐锅5590口，年产食盐近20万吨，使自贡井盐业步入鼎盛。

奔跑一族

通过动物的胫骨与股骨的长度比可以测算出动物的运动速度。研究表明，速度快的动物往往都是胫骨较长。而对于盐都龙来说，其胫骨与股骨的比值高达1.18，这样长的胫骨非常有利于奔跑。

79

库林达奔龙

半毛半甲的萌物

　　在侏罗纪中期的俄罗斯，有一群小型的鸟臀类恐龙漫步在浅水滩上。不像其他恐龙要么全身都是羽毛，要么全身覆有鳞片，要么都没有，这群小恐龙却有着特殊的半毛半甲身体，非但没有让人觉得奇怪，反而觉得很可爱。它们就是在俄罗斯西伯利亚地区被发现的库林达奔龙。

多样式的羽毛

　　库林达奔龙具有三种不同的羽毛，这三种羽毛展现出了恐龙进化的复杂进程。

三种鳞片

　　库林达奔龙身上的鳞片分为三种形态：直径为3.5厘米的六角鳞片，这些鳞片层叠交错地覆盖在一起；没有互相重叠的圆形小鳞片；表面光滑、厚度不到0.1毫米的拱曲矩形鳞片。

·拉丁文学名	*Kulindadromeus*
·类	鸟臀类
·食性	植食性
·体重	约8千克
·体形特征	身体半羽毛半鳞甲
·生活区域	俄罗斯

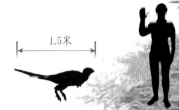

1.5米　1.8米

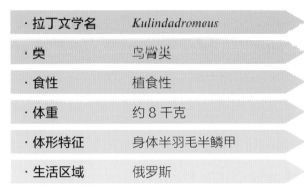

粗壮的腿部

库林达奔龙腿部粗壮，使得它被敌人发现时可以快速地躲避，不愧于其"奔跑者"的荣誉称号。

恐龙都有羽毛吗

鳞片是我们通常对恐龙的看法，但是古生物学家发现了生活在侏罗纪中期的长着羽毛的植食性恐龙——库林达奔龙，使得古生物界相信包括库林达奔龙在内的更多的恐龙分支都覆盖着简单的丝状羽毛。

华阳龙

毛骨悚然的棘刺

矮小的蕨类，蜿蜒的河流，在侏罗纪中期，一群华阳龙正在享受自然赐给自己的无限美味，嘴里不停地咀嚼着，这些蕨类给了华阳龙充足的食物供应。同时，华阳龙也使一些凶残的捕食者垂涎三尺。捕食者围绕在进食中的华阳龙周围，而群体行动的华阳龙也会让捕食者不敢贸然行动。华阳龙拥有迄今为止最完整的剑龙骨架，在世界恐龙研究中，为剑龙类起源于东亚的假说奠定了一个坚实的实证基础。

独一无二的牙齿

华阳龙有鸟一样的尖喙，嘴部的两侧有些小牙，嘴前部也有一些牙齿。这些牙齿能够磨碎坚硬的植物。

·拉丁文学名	*Huayangosaurus*
·类	剑龙类
·食性	植食性
·体重	约500千克
·体形特征	背部有双排骨甲
·生活区域	中国四川省

4米

1.8米

发掘历史

从1980年开始，古生物学家在四川的大山铺共挖掘出12具华阳龙个体，其中最为完整的两个华阳龙骨架分别陈列在自贡和成都的自然博物馆中。

强壮的四肢

华阳龙的后肢长前肢短，后脚较为强壮。四肢的脚掌摊开，以支撑沉重的身躯。

尖刺无敌

华阳龙的防御系统较为独特，自脖子到尾部，两排三角形的骨板赫然耸立在背部。而双肩上，各有一个大型的棘刺。4根接近40厘米的钉状尾刺长在尾端。这样的防御装备让其他的捕食者望而生畏。

83

树息龙

适应树上的生活

　　有一种恐龙在树上待了一辈子，长有奇长的第3趾。它，就是树息龙。树息龙生活在侏罗纪中期，纤细的毛发衍生物使得它看起来十分的可爱。虽然它长年生活在树上，但是经研究发现，它的一些树栖特征比原始的始祖鸟还要进步。

攀爬功能

　　树息龙奇长的第3趾与一些善于爬行的动物十分相似，如指猴。指猴是典型树栖的动物，在野外，它们大部分时间是在树上度过的。相关研究者也判定，树息龙的攀爬能力要高于刚出生的南美洲麝雉。

以此类推

　　目前，我们仍然无法得知树息龙的繁衍习性。不过，2005年，古生物学家在泰国发现了数颗直径可能还不到1厘米的恐龙蛋。从骨骼与蛋皮结构来看，意味着这些恐龙体形最大也超不过现在的麻雀。很可能是树息龙这样体形的小恐龙所产下的蛋。

·拉丁文学名	*Epidendrosaurus*
·类	兽脚类
·食性	肉食性
·体重	不详
·体形特征	特别长的第 3 趾
·生活区域	中国内蒙古

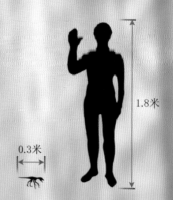

1.8米

0.3米

前后不一的小牙

树息龙的颌部内圆且宽的牙齿可以吞食昆虫等一些小动物，其下颌至少有12颗牙齿，前部的牙齿较大，后部的牙齿较小。前面的大牙可以瞬间咬住猎物。

抓握功能

树息龙的腕部有一块半月形的骨头，这个小骨头使得它们无法拍翅飞翔，但有助于它们跳跃的机动性。

85

沱江龙

全副武装的坦克

沱江龙生活在侏罗纪晚期的四川盆地，它的出现是当时亚洲发掘出的最完整的剑龙类化石。沱江龙是中等大小的剑龙，像所有剑龙一样，它拥有高高隆起的脊背，长长的尾巴拖在地上，整个形状就像一座拱桥。加之沱江龙全身都披着"铠甲"，如此远远望去就像是一辆全副武装的坦克。

尾部杀手锏

如其他的剑龙类恐龙一样，沱江龙的尾巴末端长有向外突起的、四根细长的圆锥形尾刺。这些尾刺在沱江龙受到攻击时成为其进行防御的重要武器。

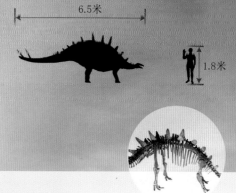

6.5米

1.8米

- 拉丁文学名　　　*Tuojiangosaurus*
- 类　　　　　　　剑龙类
- 食性　　　　　　植食性
- 体重　　　　　　约 2 800 千克
- 体形特征　　　　背部高耸
- 生活区域　　　　中国四川省

形状各异的骨板

　　较大的骨板是剑龙类的主要特征。沱江龙的颈部骨板呈桃形，背部呈三角形，荐部和尾部呈高棘状的扁锥形。从颈部到荐部，骨板逐渐增高、增厚，骨板构成了它的防御体系。

胃石助消化

　　沱江龙上下颌紧密排列的叶片状小牙十分纤弱，在进食的过程中不能充分地进行咀嚼，因此沱江龙需要利用胃石帮助消化。

午后日光浴

　　你能够想象恐龙日光浴吗？沱江龙的骨板能够吸收太阳热量，热量使血液温度上升，进而流动全身，改变全身温度。这个原理就像水在暖气管道中流动一样。

87

剑龙

最奇特的背部

1877 年，一件恐龙化石的发现成了新闻关注的焦点，人们的眼光纷纷投向这个侏罗纪晚期典型的植食性恐龙——剑龙的身上。对于剑龙来说，侏罗纪晚期的"世道"并不太平，恐龙群雄纷纷崛起，肉食性恐龙高手云集。在这个危机四伏的恐龙世界中，稍不留神就会命送它口。但是作为一种植食性恐龙，剑龙有着一套自身的防御体系，就是骨板和尾刺。这样，当肉食性恐龙前来进犯之时，剑龙就不用坐以待毙，反而可以与敌人大战一番。

咬合的局限性

2010年一项剑龙咬合研究发现，剑龙不同位置的咬合力分别为：颌部前段140.1牛顿，中段183.7牛顿，后段275牛顿。这显示作为植食类的剑龙可以咬断柔软的植物，但直径超过12厘米的植物，剑龙还是很难对付的。

图案的威力

背部17块分离的骨板，构造出来的图案是剑龙防御和震慑敌人的关键。这是一种皮内成骨的结构，骨质在骨板的内部，骨板的外部覆盖着角质。当剑龙受到威胁之时，血液流通到骨板上的血管中，加之骨板的图案，会在视觉上给敌人以震慑。

6～7米（图中约为7米）

1.8米

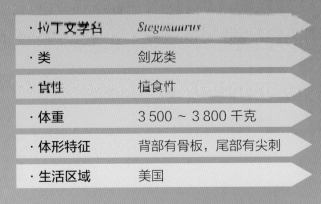

- 拉丁文学名　*Stegosaurus*
- 类　剑龙类
- 食性　植食性
- 体重　3 500 ～ 3 800 千克
- 体形特征　背部有骨板，尾部有尖刺
- 生活区域　美国

"第二大脑"

　　剑龙臀部区域的脊髓有一个较大的通道。这个空间能够容纳比大脑大20倍的构造。有学者相信这个构造可以灵活控制后半身，或者是当遭受攻击时，暂时性地抬高身体。

风靡世界

　　作为媒体中的常客，剑龙曾在阿瑟·柯南·道尔的小说《失落的世界》和迈克尔·克莱顿的小说《侏罗纪公园》中都出现过，是大众熟知且非常喜欢的一类恐龙。

钉状龙

在 1908—1912 年间，德国的一支探险队来到非洲的坦桑尼亚。谁都没有想到，这里的恐龙骨骼堆积如山。那时人们只知道这些骨骼属于剑龙类。随后这些背部长着钉状物、骨骼中等的恐龙，被科学家命名为钉状龙。钉状龙经常围在一些巨大恐龙的身边，喜欢生存在灌木之中。由于其在食性上无法与大型恐龙竞争，所以只食用下面矮小的灌木。

四足行走

虽然在有些时候钉状龙可以站起来吃到高处的植物，但是在平时的运动中，钉状龙应该是四足行走的。

植物般的伪装

钉状龙背后有可以调节体温的骨板，外面包裹着色彩缤纷的角质层。当钉状龙趴在地上的时候，远远看去，就像一簇中生代植物。

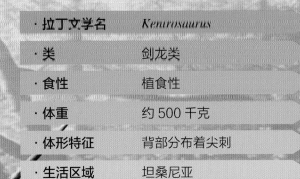

4米

1.8米

· 拉丁文学名	*Kentrosaurus*
· 类	剑龙类
· 食性	植食性
· 体重	约 500 千克
· 体形特征	背部分布着尖刺
· 生活区域	坦桑尼亚

独特"大象脚"

　　钉状龙长了一双"大象脚",它前肢的第1指特别长,剩下的3个指都有爪子;后肢每只脚的三个脚趾的趾前都长有类似蹄状结构的爪,协助支撑钉状龙的身体。

防身利刺

　　钉状龙满身的尖刺,呈从身前到身后不断变窄、变尖的趋势,而且分别在两侧的肩下长着向下的尖刺。这种"绝对防御"犹如现在的豪猪。

弯龙

硬挺的背部

在侏罗纪晚期，生活着一种与著名的禽龙极其相似的植食性恐龙。它们拥有十分巨大的身体，常常一起行走在茂密的丛林间。它们，便是禽龙的近亲——弯龙。弯龙是禽龙家族中最原始的一种。由于身体笨重，行动缓慢，所以弯龙的大部分时间都是四肢着地的。

5指的划分

弯龙的前肢长有5指，但只有前3根有指爪，且拇指的最后1节呈现特殊的马刺状结构。此外，弯龙的指间没有相连的肉垫，腕骨也相互固定着，因此手部很结实，可以帮助弯龙更好地支撑身体的重量。

牙齿之间的"磨合"

弯龙的嘴类似现生鹦鹉的喙嘴，其内的叶状牙齿分布在嘴部后段。它灵活的颌部关节可促使颊部前后移动，由此就会让上下颊齿做出类似研磨的动作，助其咀嚼苏铁类植物。

被谁夺走了名字

1879年，来自美国的著名古生物学家奥塞内尔·查利斯·马什将弯龙命名为"Camptonotus"，意思是"可弯曲的背"。但他不知道的是，这一名字已被一种蟋蟀"抢占"，所以又在1885年将弯龙更名为"Camptosaurus"。

· 拉丁文学名　　*Camptosaurus*

· 类　　　　　　鸟脚类

· 食性　　　　　植食性

· 体重　　　　　约 500 千克

· 体形特征　　　罕见横突的眼睑骨

· 生活区域　　　美国犹他州及怀俄明州

5米

1.8米

坚硬的脊梁

　　生在脊椎骨神经棘侧边且呈交错形态的筋腱，可强化弯龙的脊柱，使其背部更加硬挺。

曙光鸟

黎明的无限荣光

曙光鸟来自已灭绝的侏罗纪恐龙家族，模式种是徐氏曙光鸟。它被古生物学家们认定属于已知的恐龙演化成鸟类过程中的关键基群之一，也是这一阶段发现的最古老的化石。此外，曙光鸟被视为比近鸟龙和胁空鸟龙等还要早的鸟翼类物种，甚至比鼎鼎大名的始祖鸟还要更古老，为研究恐龙如何演化成鸟类带来了不一样的"曙光"！

诸葛亮的"扇子"

曙光鸟的双翅不仅像鸡的翅膀一样短小可爱，还像智者诸葛亮手中的羽毛扇，充满着智慧。这样的翅膀让曙光鸟不受身体重量的限制，恣意徜徉于森林之中。

"西部牛仔"的腿

曙光鸟的双腿后侧长满了又宽又长的羽毛，远远看去既像印第安人头上的羽毛装饰物，又像西部牛仔宽阔肥大的裤子。这些羽毛能够帮助它以滑翔的方式进行移动。

·拉丁学名	Aurornis
·类	兽脚类
·食性	肉食性
·体重	不详
·体形特征	全身披覆着羽毛
·生活区域	中国辽宁省

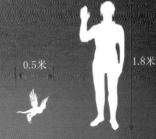

0.5米　　　　1.8米

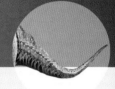

细长的尾巴

曙光鸟的尾巴长有细小的绒毛，从臀部到尾端逐渐变细，这就为它在树林中滑翔的时候提供了很好的平衡能力。

命名故事

徐星是中国著名的古生物学家，他命名过冠龙和羽王龙等60多个物种。而今，徐星教授的姓氏终于被学者赠予了这只新恐龙——徐氏曙光鸟。

马门溪龙

中国恐龙大明星

　　侏罗纪晚期的中国，是一片广袤的森林。一大群长着极长脖子的蜥脚类恐龙，正在这片大地上悠然地生活着，它们就是马门溪龙。古生物学家得出结论：马门溪龙的脖颈长度是迄今为止世界上所有动物中最长的。自 1954 年被发现以来，马门溪龙很快以亚洲最大、最完整的恐龙化石震惊了世界。

活动的力度

　　颈椎上长长的颈肋使得马门溪龙脖子的活动范围缩小，由于颈肋的紧紧包裹，导致如果马门溪龙高昂起头，那么颈肋就会刺穿皮肤等软组织，给这只大恐龙造成重创。

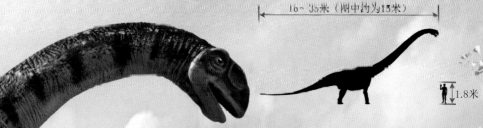

16~35米（图中约为15米）

1.8米

·拉丁文学名	*Mamenchisaurus*
·类	蜥脚类
·食性	植食性
·体重	5 000 ~ 75 000 千克
·体形特征	极长的脖子
·生活区域	中国四川省

拥有尾锤

　　相对其长长的脖子而言，马门溪龙的尾巴要短得多，但其尾巴末端很可能有一个尾锤，这可是防御利器。

带锥子的前足

　　马门溪龙的前足有一个非常发达的大拇指，看上去就像一个尖锐的锥子，这不但可以帮助马门溪龙站稳脚跟，也是防御的好武器。

工程学的论证

　　建筑设计工程师表示，马门溪龙的身体结构犹如一座吊桥，脊椎骨犹如钢缆，支撑着颈部和尾部的重量。而它身体的其他部分就犹如桥塔，负责将重量传到地面。

97

祖母暴龙

暴龙类恐龙的大名可谓是家喻户晓了，它们是白垩纪晚期最成功的兽脚类恐龙之一，长期雄霸着北美洲和亚洲大陆东部，以自身强大的优势占据着食物链的顶端。那你知道谁是这些明星恐龙的祖先吗？目前古生物学家发现的最古老的暴龙类恐龙是生存在距今约 1.57 亿年前的祖母暴龙。

暴龙的影子

祖母暴龙的髂骨长而扁平，而臀部关节的外侧有垂直棱脊，这些都是暴龙类恐龙的典型特征。

侏罗纪公园

侏罗纪的自然环境非常适合恐龙生活。到了侏罗纪晚期，恐龙家族中又增添了许多新的成员，使得恐龙的种类异常丰富起来。而电影《侏罗纪公园》的推出，更使得"侏罗纪"这个名词深入人心。

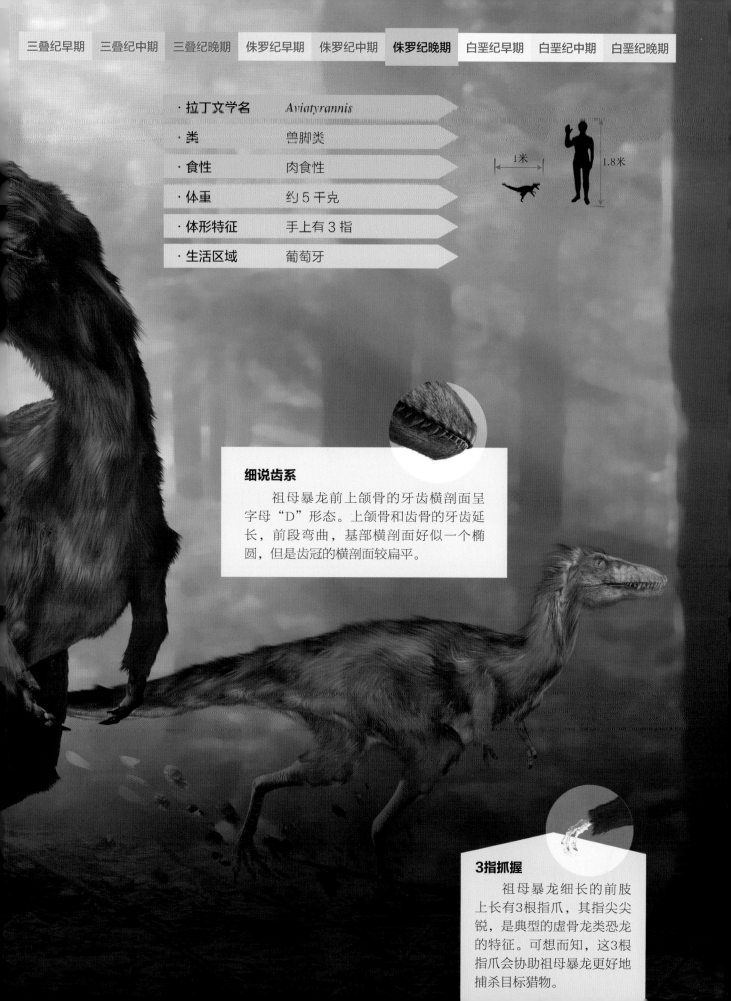

- 拉丁文学名　　*Aviatyrannis*
- 类　　　　　　兽脚类
- 食性　　　　　肉食性
- 体重　　　　　约 5 千克
- 体形特征　　　手上有 3 指
- 生活区域　　　葡萄牙

1米　　　1.8米

细说齿系

　　祖母暴龙前上颌骨的牙齿横剖面呈字母"D"形态。上颌骨和齿骨的牙齿延长，前段弯曲，基部横剖面好似一个椭圆，但是齿冠的横剖面较扁平。

3指抓握

　　祖母暴龙细长的前肢上长有3根指爪，其指尖尖锐，是典型的虚骨龙类恐龙的特征。可想而知，这3根指爪会协助祖母暴龙更好地捕杀目标猎物。

异特龙

侏罗纪之王

异特龙是侏罗纪晚期的大型肉食性恐龙。生长在北美洲的异特龙虽然在体形上略逊于暴龙，但在捕杀猎物方面，异特龙确有着比暴龙更适合捕杀大型植食性恐龙的粗壮前肢，每一侧都带有 3 个约 15 厘米长的锋利尖爪。在蜥脚类恐龙骨骼上的齿痕表明，异特龙可能会捕杀蜥脚类恐龙。此外，一件异特龙的尾椎标本上有个部分愈合的伤口，这个伤口的尺寸和形态与剑龙的尾刺一模一样。

大爪凶猛

异特龙的前肢比后肢要短。异特龙的3根指爪中，中间的那根是最长的。如此强壮的前肢当然适合捕杀大型的猎物啦。

拉丁文学名	*Allosaurus*
· 属	兽脚类
· 食性	肉食性
· 体重	约 1 400 千克
· 体形特征	前肢强壮
· 生活区域	北美洲

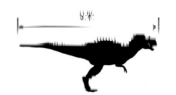

奔跑高手

异特龙每小时8千米的奔跑速度可称得上是恐龙中的赛跑健将。但是如果异特龙单纯使用两只后腿进行奔跑，只相当于人类慢跑的速度。

闻名于世的官方 "代表"

异特龙作为美国犹他州的官方恐龙，在各大博物馆中也是 "常客"。因为在克利夫兰劳埃德恐龙采石场出土了大量的异特龙化石，所以到了1976年，已经有三大洲、八个国家的38个博物馆拥有从克利夫兰劳埃德恐龙采石场获得的异特龙化石。

独特的 "标识"

异特龙的眼睛上方长有一对角冠，角冠的大小因个体而异。其鼻骨上方一对低矮的棱脊沿着鼻骨连接到眼睛上，这些脊冠可能是种群内部互相识别用的。

角鼻龙

尖角追踪者

掠食者都有什么特征？大头、粗腰、前肢短小、嘴中布满尖利且弯曲的牙齿。角鼻龙的特征与这些完全符合，它的独特之处是它的头部有小的脊冠。角鼻龙的身材略小，生活在侏罗纪晚期。在这个有异特龙、蛮龙、迷惑龙、剑龙以及梁龙生存的时代，角鼻龙以自身的优势抢占了一席之地，成为了那个时代最可怕的杀手之一。

致命利器

角鼻龙的利齿如刀，其每块前上颌骨上都有3颗牙齿，上颌骨上有12颗至15颗牙齿，每块齿骨上则有11颗至15颗牙齿。

炫耀的装饰

角鼻龙大大的鼻角和眼睛的棱脊，由鼻骨和泪骨隆起形成。这些头部装饰物可以起到视觉展示物的作用。

鳞甲装备

背上的小型鳞片是角鼻龙防御和进攻的武器。这些鳞片坚硬无比，不仅可以更好地保护背脊，还可以在纷杂的年代成为有力的进攻装备。

· 拉丁文学名	*Ceratosaurus*
· 类	兽脚类
· 食性	肉食性
· 体重	600 ~ 700 千克
· 体形特征	鼻端有尖角
· 生活区域	葡萄牙 美国犹他州

6～7米（图中约为7米）

1.8米

有趣的猎食

　　角鼻龙的趣闻在2001年的电影《侏罗纪公园 III》中得以展现，一只角鼻龙曾短暂出现在河畔的画面中。该只角鼻龙似乎想猎食一头大型植食性恐龙，但当发现它身上覆盖着棘龙的粪便后就悻悻离开了。

103

蛮龙

无情的超级攻击

杀手是冷酷的。在那个遍布恐龙的年代，一个杀手需要的是不可比拟的体格，无法超越的速度以及无比锋利的牙齿。这其中就包括恐龙界的冷血杀手、侏罗纪晚期最强大的兽脚类恐龙之一——蛮龙。这种恐龙成了那个蛮荒世界新的霸主，前来挑战的恐龙纷纷被打败。蛮龙一直没被发掘出一个完整的化石标本，但是有一点毋庸置疑——它和异特龙一样，都是侏罗纪时期大型的肉食性恐龙。

颌部"尖刀"

蛮龙嘴里的"尖刀"粗壮锐利，中间上颌骨的牙齿最长，后段较为粗壮，形似香蕉。较宽的牙缝有明显的棱脊。这些牙齿在捕杀大型恐龙时起到了至关重要的作用。

前肢有力

前肢短是蛮龙一个重要的身体结构。等同于后肢一半的短前肢，可以前摆勾住猎物的背部，在平时还可以充当平衡工具来使用。

· 拉丁文学名	*Torvosaurus*
· 类	兽脚类
· 食性	肉食性
· 体重	约 2 000 千克
· 体形特征	后肢强壮
· 生活区域	美国科罗拉多州 葡萄牙

0.12米（图中约为9米）

1.8米

超强咬合力

过去有人曾以为蛮龙的最大咬合力为14吨，这个数据十分惊人。但是经过最近的研究发现，蛮龙的最大咬合力不超过5吨。

恐怖后肢

别看蛮龙的前肢短小笨拙，它的后肢可是强有力的存在。粗糙的表皮加上结实的肌肉，实在是太恐怖了。你能想象被它一脚踢飞的场景吗？

105

虚骨龙

灵敏的魔鬼

虚骨龙生活在距今 1.53 亿年前的侏罗纪晚期，那个时期的地球到处分布着半干旱的平原。那里有分明的雨季与旱季，河边的蕨类和针叶树极其茂盛。此时，虚骨龙正在寻找着昆虫、哺乳类和蜥蜴等小型动物，作为其口中美食。它可以舒展着自己修长的身体，以迅雷不及掩耳之势用指尖尖钩将一个小型动物牢牢抓住。

尖爪利如钩

虚骨龙呈半月形的腕骨同恐爪龙的十分相像。其带有细长3指的前掌还长着弯曲锋利的爪，可以协助虚骨龙轻易地抓伤猎物。

拉丁文学名	*Coelurus*
·类	蜥脚类
·食性	肉食性
·体重	13 ～ 20 千克
·体形特征	尾巴坚挺
·生活区域	美国怀俄明州

2.5米　1.8米

长尾轻如燕

虚骨龙的尾巴非常长，看上去很是轻盈。这长尾巴既是平衡器，又是方向舵，其用处可大了！

轻巧似无骨

修长的身体来自修长的颈椎，虚骨龙每节颈椎长度是宽度的四倍。这种分散着大大小小空腔的颈椎，能够减轻身体重量，使得它的身体变得更加轻便灵活。

采风发现

2008年国庆期间，开江县讲治中学生物组师生到讲治镇伍家寨村雷公庙一带的山地进行实地采风，在采风过程中发现了许多贝壳和部分恐龙的化石骨骼。经研究判断，这些骨骼与虚骨龙非常相似。

食蜥王龙

霸主有秘密

有一种跟异特龙和蛮龙差不多大小的恐龙生活在侏罗纪晚期的北美洲。这种大型兽脚类恐龙，有着一个霸气的名字——食蜥王龙。古生物学家此前认为食蜥王龙的体长可能达到 15 米，但而后又有所调整。食蜥王龙的化石发现于美国中南部莫里逊组地层的最上部，表明它们很晚才出现于该地区。在莫里逊组的兽脚类恐龙中，食蜥王龙的化石非常稀少，因此我们对它的了解还很有限。

推测的食物

由于化石稀少，我们无法推测食蜥王龙的进食方式，但是在食蜥王龙的化石中发现了许多迷惑龙的化石，据此推测食蜥王龙可能会以迷惑龙为食。

脚的帮忙

大而有力的足部支撑着食蜥王龙的身体重量，足上的趾爪可以帮助食蜥王龙轻松对付猎物。

拉丁文学名	Saurophaganax
类	兽脚类
·食性	肉食性
·体重	约 3 000 千克
·体形特征	绞肉机般的尾部
·生活区域	北美洲

10米

1.8米

鉴定特征

垂直的骨板在背部的神经棘（横突在上方）和尾部如绞肉机般外形的脉弧构成了食蜥王龙的一个显著特征。

腿部的差异

古生物学家从一件幼年食蜥王龙的后肢化石上发现，幼龙的胫、股比例要比成年的大，小腿长于大腿，显示幼年食蜥王龙的奔跑速度快于成年龙。

始祖鸟

进化论的同期声

达尔文发表《物种起源》之后的两年，也就是 1861 年，始祖鸟首次被发表，使有关演化之说的讨论更为激烈。在始祖鸟生存的侏罗纪晚期，欧洲仍然是个接近赤道的群岛。由于同时拥有鸟类及兽脚类的特征，使得始祖鸟成为研究恐龙演化过程中的重要角色。始祖鸟的发现确认了达尔文的理论，并从此成为恐龙与鸟类之间相关性、过渡性及演化的重要证据。但最新的研究表明，近鸟龙、晓廷龙和曙光鸟都比始祖鸟要古老。

重要的"尾翼"

始祖鸟的双脚上长有不对称的羽毛，好似它的一对尾翼，帮助始祖鸟提升在空中的运动能力。对于其尾翼的第一个研究指出，这个结构构成了总翼面的12%，但是目前我们还不知道这些尾翼能够提升始祖鸟多少飞行能力。

· 拉丁义学名	*Archaeopteryx*
· 类	兽脚类
· 食性	肉食性
· 休重	约 0.5 千克
· 体形特征	带羽毛的翅膀
· 生活区域	德国

1.8米

0.5米

扫描大脑

研究者在2004年对始祖鸟脑部的研究中发现，小小的始祖鸟居然长有比恐龙还要大的大脑，令始祖鸟具备与现代鸟类飞行时所需的敏锐听觉、平衡、空间感及调控等同样的能力。

树栖说

有一种理论认为始祖鸟是栖息在树上的。之所以始祖鸟会把鳞片变成羽毛，是因为这样它就可以进行滑翔。始祖鸟也是因为这样的活动方式获得了更多的生存和繁衍的机会，最终进化出带羽毛的翅膀而获得飞行能力。

不达标的"飞行员"

始祖鸟并非技术高超的"飞行员"。它的飞行肌肉可能连接在叉骨、板状的鸟喙骨或软骨质的胸板上。此外，学者根据始祖鸟的肱骨、肩胛骨和鸟喙骨之间关节窝的位置，推测始祖鸟很难让翅膀展开到身后，实现鼓翼上升。

叉龙

不甚起眼的大家伙

一群恐龙走在侏罗纪晚期的非洲大地上，当时的非洲大陆并不像现在这样干燥。恐龙挺起它们的脖子，小小的脑袋在脖子的顶端，长长的尾巴摆荡在身后。在这群恐龙之中有一种头部较大、脖子较短、背部长有脊状物的恐龙，这种恐龙就是叉龙。由于大部分植食性恐龙在进食高度上存在着差异，所以它们之间并没有明显的冲突，故可以和睦相处。

趾爪迷踪

对于只有第1趾具有爪的叉龙来说，谜团从没减少过。研究发现，这只趾爪长得异常巨大，而且并没有像其他脚趾一样与掌骨相连，可能是作为一件防御武器，但这只是推测。

拉丁文学名	*Dicraeosaurus*
类	蜥脚类
·食性	植食性
·体重	5 000 - 6 000 千克
·体形特征	颈部较短，头部较大
·生活区域	坦桑尼亚

14～15米（图中约为15米）

1.8米

痕迹推测

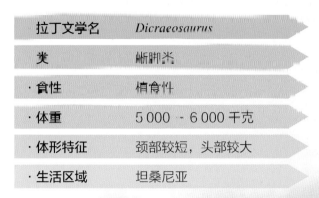

　　对梁龙科恐龙的研究显示，这一科的恐龙都具有狭窄的口鼻部，而从牙齿磨损状况上来说，叉龙的牙齿粗糙，研究表明叉龙是以中等高度植被和特定植物为食。

长尾防护

　　叉龙的尾巴十分的长，但并不是像其他恐龙一样的鞭状尾巴。叉龙的尾巴在中央有双叉型的脉弧，可以作为脊椎的延伸来支撑脊椎，而且可以在支撑的同时保护血管。

脊部"叉子"

　　叉龙的脊椎与神经棘之间为了提供肌肉附着的空间，导致两者并不是直的，中间以韧带连接，使得在叉龙的背部形成了Y形的龙脊。

113

圆顶龙

雄健的"骏马"

北美洲最为著名的恐龙之———圆顶龙，生活在侏罗纪晚期开阔的平原上。在美国发现的圆顶龙化石都保存完好。一具6米长的小圆顶龙化石完好地保存了下来，埋葬的姿势就像一匹奔跑的骏马。从化石可以看出圆顶龙的脖子较短。但是它自身强壮的体魄和坚实的四肢丝毫不逊色于其他恐龙，反而在形象上展现出了其自身特有的巍峨雄健。

有点笨笨的

圆顶龙有着短而高的方形头骨，大脑很小。虽然大脑并不是十分聪明，但是依靠敏锐的嗅觉，圆顶龙对危险能够有效地进行规避。

齐整的"凿子"

圆顶龙的颌部上长着如锥子般的牙齿，根据牙齿强度测试表明，圆顶龙的牙齿强度比梁龙的细长牙齿更易于吞食较为粗糙的食物。即使它们生活在同一个环境里，也不会竞争相同的食物。

·拉丁文学名	*Camarasaurus*
·类	蜥脚类
·食性	植食性
·体重	约 18 000 千克
·体形特征	体格粗壮，头部小
·生活区域	美国犹他州及科罗拉多州

1.8米

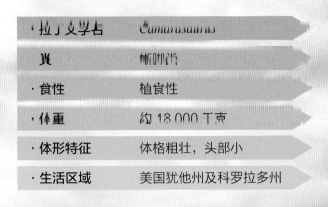

轻"装"上阵

　　圆顶龙的12节颈椎与肋骨相互重叠，使得圆顶龙的颈部更加硬挺。圆顶龙多数椎体都是空心的，体重就减轻了许多。

集体死亡记录

　　1997年到1998年之间，美国堪萨斯大学自然历史博物馆与生物多样性研究中心在怀俄明州发现两个圆顶龙及一头12.2米长的幼龙标本。这个集体死亡的化石记录显示出圆顶龙是以群体（或至少是以家庭）行动的。

115

腕龙

移动收割机

当大风掠过这片侏罗纪晚期的草原时，明显能够感觉到大地的颤抖，那是一列恐龙刚刚走过草原。它们从草原走向丛林，又从丛林走向草原，周而复始地为了食物不断迁徙。腕龙作为侏罗纪晚期恐龙世界最为庞大的动物之一，在草原与丛林中不断搜罗着蕨类、苏铁类及木贼类植物，忙忙碌碌，只为了每一天所需的食物。

愚钝的脑袋
刨去各种开口与腔室，腕龙原本不大的脑袋就更小了。所以它可能并不聪明，因为脑容量实在太有限了！

·拉丁文学名	*Brachiosaurus*
·类	蜥脚类
·食性	植食性
·体重	约 35 000 千克
·体形特征	前肢长于后肢
·生活区域	北美洲

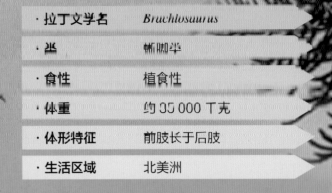

22米

1.8米

鼻孔的安置

　　在过去的很多年中，科学家们认为腕龙长在头顶的鼻孔是其潜入水中所使用的呼吸器。但是经过研究发现，腕龙根本不适应水中的水压，是十足的陆地动物。有一些人认为其鼻孔处于口鼻前端，头上的隆起是某种肉质的共鸣腔室。

进食的抉择

　　8米多长的脖子，使科学家们怀疑它的心脏是否能够向头部提供充足的血液。为了保持正常的供血，腕龙只能食用与肩同高或者更低的食物。

假如腕龙生活在现代

　　腕龙抬起它的头部可以离地面十几米高，试想一下，如果在现在，它小小的头部随时可以钻进四五层楼的窗户里面，是不是很有趣呢！

117

梁龙

疯狂的长鞭

作为辨识度最高的恐龙之一，梁龙拥有巨大的长颈、长长的尾巴以及强壮的四肢。它作为著名的植食性恐龙代表，生活在侏罗纪晚期的北美洲西部。大量的骨骼化石证明了梁龙已经遍布全世界，在各地都有它大量的骨架以及复原模型放在博物馆中。要知道，人们对这种恐龙的喜爱并不是从最近几年才开始的，一个多世纪以前，梁龙就已经"行走在"世界各地，被大众所知。

进食方式

梁龙在日常进食的过程中，不能够将头部完全向上抬起，因为从梁龙椎骨的骨骼间啮合方式来看，它只能把头伸向地面。

迷人的身影

自从梁龙被发现以来，由其"参演"的影视作品也日趋增多。如其荧幕首秀——动画电影《恐龙葛蒂》；最近几年，梁龙又精彩"参演"了英国BBC备受欢迎的电视节目——《与恐龙共舞》。

25~32米（图中约为30米）

1.8米

·拉丁文学名	*Diplodocus*
·类	蜥脚类
·食性	植食性
·体重	12 000～30 000千克
·体形特征	极长的尾巴
·生活区域	美国犹他州及蒙大拿州

特别的牙齿构造

梁龙的牙齿有修长的齿冠，其横切面好似一个椭圆。齿尖是一个钝的三角点，磨损最明显。由此可知磨蚀面位于上下牙齿的颊侧。在梁龙进食需要剥去树叶的同时，还有一排牙需要稳定树枝。

长尾"效应"

80节尾椎所组成的长尾拥有着特殊的结构：在尾巴的中央部分有双叉型的脉弧，可能是用于支撑脊椎，或是在尾巴压在地面时，保护血管免受破损。过去，研究者们对长尾的作用曾有许多假设，例如防卫或制造声响的功能。

119

超龙

超大号"巡洋舰"

　　超龙在恐龙中来说可谓是"巨中之巨"，其庞大的体形已经把任何现生大型哺乳类远远抛在身后，用"以颈作桥，以身为室"来形容它也不足为过。超龙曾经被认为是恐龙家族中最为巨大的一员，但后来的阿根廷龙将这个位置取代了。

独有的尖刺

　　超龙的颈背部上密布着尖刺，不过，这样的尖刺其实并没有什么太大的用处，因为对掠食者而言，超龙最可怕的地方是它极其庞大的体形。

巨大的化石

　　超龙的模式标本发现于1972年，不过发现的化石并不多，包括了肩胛骨、坐骨与少数颈椎。超龙的肩胛骨如果竖立起来，将高达2.4米，这比绝大多数的成年人还高。

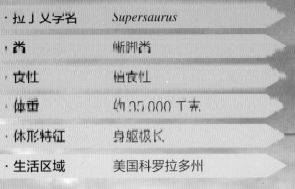

· 拉丁文学名	*Supersaurus*
· 属	蜥脚类
· 食性	植食性
· 体重	约 25,000 千克
· 体形特征	身躯极长
· 生活区域	美国科罗拉多州

35米

1.8米

觅食的限制

　　梁龙科的恐龙脖子都很长，根据最近的电脑模拟，它们可能无法像其他蜥脚类恐龙一样高举它们的颈部，而是在较低的区域用颈部横向觅食。不过，这个说法还有争议。

舞动"长鞭"

　　超龙有着蜥臀目恐龙最显著的特点，就是拥有长长的尾巴。长鞭一样的尾巴不仅可以在运动过程中保持身体平衡，还可以在面临敌人时有效地进行攻击、自卫。

长颈巨龙

腕龙的模仿者

　　侏罗纪晚期的东非地区，生活着一种大型的植食性恐龙——长颈巨龙。最初，古生物界的学者们基本不认同长颈巨龙属于一个独立的种，因此它被认为属于腕龙，叫作布氏腕龙。但是在2009年，有人发表了来自腕龙和长颈巨龙的详细比较，显示这两者不论在体形上，还是头骨形状上，都有明显的差异。最终，长颈巨龙成立了自己的家族，在恐龙世界有了一席之地。

从牙齿得到的依据

　　过去，有些研究者认为许多蜥脚类恐龙长有类似大象的长鼻，但是从长颈巨龙牙齿化石的磨损程度来看，它们不会有长鼻结构。因为，如果有长鼻，就不会用嘴来撕咬树叶，牙齿也应会有更多的磨损痕迹。

高效"平衡器"

　　长颈巨龙的尾巴较长，因此有学者推测在其臀部脊椎处应附有大型脊髓，协助长颈巨龙控制身体的后半部动作，成为其行动的高效"平衡器"。

·拉丁文学名	Giraffatitan
·类	蜥脚类
·食性	植食性
·仙亚	约40 000千克
·体形特征	脖子非常长
·生活区域	坦桑尼亚

23米

1.8米

"吉尼斯"之旅

　　德国的柏林自然博物馆（又称"洪堡博物馆"）馆内展有一个长颈巨龙的骨架模型，是全世界最大的恐龙骨架模型之一，被标名为布氏腕龙。这是一个由数件真实标本和模型组合而成的恐龙模型，因其"全世界最高"的记录而被列进吉尼斯纪录中。

大身材的小智慧

　　与庞大的体形相比，长颈巨龙的脑袋就小得多了，大约只有300立方厘米。此外，长颈巨龙的脑与身体质量比是相当的低，这表示长颈巨龙的脑量商非常低，也就是说它是一只笨笨的恐龙。

123

重龙

龙龙有分量

重龙是一种大型的梁龙科恐龙，个头丝毫不逊色于其亲戚们。它们怡然自得地生活在侏罗纪晚期。那时气候温暖，大量的植物借由雨水疯狂地生长着，为植食性的重龙提供了丰富的食物来源。这群恐龙也就渐渐地控制不住自身的体重了，成为"重量级"家族中的一员。

后肢推断

纽约的美国自然历史博物馆展示了一个重龙的骨骼模型。它用后肢站立，以保护幼龙免受异特龙的侵袭。目前还不确定重龙是否可以用后肢站立。如果可以用后肢站立的话，那么重龙的后肢一定相当有力。

弯刀自卫

重龙的前脚内趾上长着大而弯的爪，是它们用来自卫的武器。接触地面的是重龙的脚趾，而不是脚掌。

· 拉丁文学名	*Barosaurus*
· 类	蜥脚类
· 食性	植食性
· 体重	约 12 000 千克
· 体形特征	长颈部和长尾巴
· 生活区域	美国南达科他州

37米

1.8米

长颈中空

　　重龙的颈椎神经棘较矮且简单。颈椎有中空空间及洞孔，显示颈部并非想象中的那么重。

纤细鞭尾

　　重龙尾椎下侧的脉弧呈双叉型，有明显的前骨突，与梁龙类似。重龙的尾巴可能呈鞭状，但比梁龙的短，也更为纤细，是抽打敌人的利器。

125

白垩纪

重爪龙

史前渔家

在白垩纪早期，欧洲北面大大小小冲积平原和三角洲都一并汇入一片大型的水域，重爪龙就悠闲地在此处栖居着。1983年，来自美国的业余化石猎人——威廉·沃克，在英国的萨里郡附近发现了一块超过0.3米长的巨大指爪化石，这彻底震惊了媒体。为了纪念威廉·沃克所做的贡献，古生物学家就将这种新属恐龙的模式种命为"沃氏重爪龙"。

成锐角的脖颈

重爪龙的脖子不像其他兽脚类恐龙一样呈字母"S"状倾斜，而是转成一个锐角，这样对它来说更有利捕食。

转折的牙齿

重爪龙有约96颗圆锥形的牙齿，不同于普通食肉恐龙的餐刀形。鼻子上方是一个小冠状物，下方则长有一个转折区间，可防止到手的猎物逃脱掉。

· 拉丁文学名	*Baryonyx*
· 类	兽脚类
· 食性	肉食性
· 体重	约1 200千克
· 体形特征	约0.3米长的巨大指爪
· 生活区域	英国 西班牙 葡萄牙

8米

1.8米

镰刀般的巨爪

重爪龙的前肢粗壮有力，双手上还各长有一个0.3米多长的大拇指，弯曲得像一柄镰刀，加上锐利的尖端，能轻松迅速地扎进猎物体内，供重爪龙心无旁骛地享用。

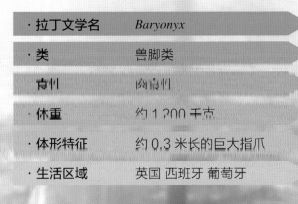

捕鱼专家

研究人员在重爪龙标本的胃里发现了大量的鱼鳞和鱼骨化石，说明它主要吃鱼，所以住所一定比邻湖水。它的利爪会像叉子一样轻松刺进鱼儿体内，然后隐退到树丛中美餐一顿。

犹他盗龙

狡猾的掠食者

我们的主角——犹他盗龙，和重爪龙大致生活在同一时间，并都有类似镰刀的无敌利爪，不同的是犹他盗龙的巨爪长在脚上。犹他盗龙在驰龙家族中占有重要位置，以野蛮的"群殴"方式在宽广的平原上肆意攻击。另外，它们还有很高的智商，可谓"文武双全"，因而被其他恐龙视为最危险的掠食者之一。

睿智的大脑

为什么说犹他盗龙很聪明呢？因为当研究人员对其颅腔断层进行扫描时，发现其大脑中心很大，由此断定它们的智力要比恐龙的平均水平高，而且具有一定的认知力和处理事物的能力。

狡猾的"战术"

虽然犹他盗龙"武功高强"，但这些"聪明恐龙"大多数时候是用智取的方式来对敌的，如制定作战计划：单只犹他盗龙会正面对敌，余下的伙伴则进行包抄攻击。由此可见，犹他盗龙的确是出色的"智者"。

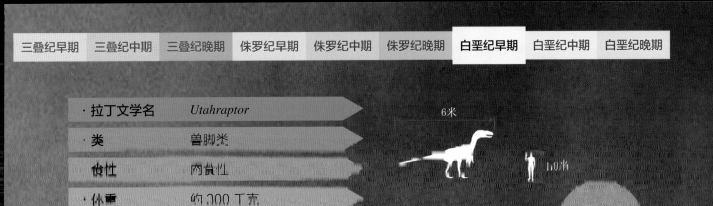

· 拉丁文学名	*Utahraptor*
· 类	兽脚类
· 食性	肉食性
· 体重	约000千克
· 体形特征	脚上有大爪
· 生活区域	美国犹他州

6米

尾巴的"倔强"

犹他盗龙的尾巴就像一根坚硬的骨棒，是它们高速奔跑时重要的平衡器。看图中被禽龙咬住的犹他盗龙，它的尾巴已经被咬断，即便活下来，也会非常艰难了。

致命的趾爪

犹他盗龙的第2脚趾好似一柄镰刀，被肌腱控制高抬脱离地面，以维持锋利。当这柄"镰刀"完全展开后，可长达23厘米甚至38厘米。在捕猎时，犹他盗龙可能首先会跳上猎物，继而弹出爪子狠狠刺入对方体内，致其毙命。

寐龙

沉睡的精灵

　　莎翁笔下的哈姆雷特曾经说过："死即睡觉，它不过如此！倘若一眠能了结心灵之苦楚与肉体之百患，那么，此结局是可盼的！"没想到这一幕早在亿万年前的辽西上演了。寐龙是首次发现死前处于睡眠状态的恐龙化石，这是人们第一次看到恐龙的睡姿。此前，辽西的大多数化石都保持着"死姿"，而像寐龙这样以三维形式近乎完美地保存的却不多见。

大眼看四方

　　寐龙有着硕大的眼眶，表明它拥有着卓越的视力，可以在日间甚至黎明或黄昏等昏暗环境下觅食，还可以帮助它们发现藏匿在树洞里的猎物。

优雅的睡眠姿势

　　寐龙的体态和睡眠状态都与现生鸟类相似。其头蜷压在翅膀之下，面部伏在其中一只前肢之后，减少了表面积，有利于抵御体温下降。这种行为与鸟类类似，说明这两种动物有共同的祖先。

- 拉丁文学名　　*Mei*
- 类　　　　　　兽脚类
- 食性　　　　　肉食性
- 休重　　　　　约0.1千克
- 体形特征　　　眼睛较大，身材较小
- 牛活区域　　　中国辽宁省

1.8米

0.45米

脚上"杀手爪"

　　和所有的恐爪龙类和伤齿龙类一样，寐龙脚上的第2趾也有一个锋利的大爪，能够牢牢抓住猎物。配合那细小的身体，它可以在石缝和树洞等大恐龙难以涉足的地方高效率地捕食。

让人激动的发现

　　2004年，止在对辽西化石群进行发掘的中国古生物研究人员在辽宁省北票市发现了寐龙的骨骼化石。徐星教授曾激动地回忆说："我们从未期望会发现一只睡觉的恐龙，更别说它还是蜷曲的姿势。"

133

长羽盗龙

羽翼的化身

很多恐龙都已经有羽毛了，那距离飞行还会远吗？2014年古生物界发生了一件大事，一种新属有羽恐龙在辽宁省出现了。这只恐龙是迄今为止所发现的体形最大的四翼恐龙——长羽盗龙。长羽盗龙的特色尾羽会帮助它轻巧地降落。

中空"脆骨"

透过长羽盗龙娇小的身体，我们能够看见它中空的骨骼，内部全无次生加厚结构，骨壁只有约1毫米厚，相当于10张纸的厚度，可以很好地减轻体重。

飞行佐证

2014年，一篇来自英国的《自然通讯》杂志的文章称，长羽盗龙这只驰龙类新属恐龙在中国辽宁省建昌县出土，是目前为止所发现的有最长尾羽的恐龙，侧面地证明了部分驰龙类恐龙和鸟类一样可以飞行。

· 拉丁文学名　　*Changyuraptor*

· 类　　　　　　兽脚类

· 食性　　　　　肉食性

· 体重　　　　　约 4 千克

· 体形特征　　　长长的羽翼

· 生活区域　　　中国辽宁省

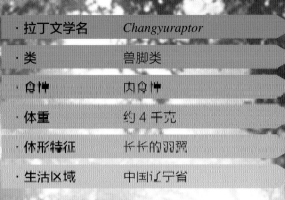

1.2米　　1.8米

丰满的腿部

　　长羽盗龙的双腿生有长长的羽毛，丰满之余也令其看上去像一对翅膀，古生物学家起名为"后翅"。

长尾显神通

　　结合空气动力学的知识，我们得知长羽盗龙的尾羽会让它获得额外升力从而助它飞行，而低长宽比会减小升阻比。所以这条长长的尾巴能辅助长羽盗龙迅速"刹车"和稳定降落。

135

小盗龙

四翼"滑翔机"

二十世纪三四十年代，在古生物界出现了一种假说，即鸟类的进化过程中有一个四翼阶段，可惜一直没找到相关的化石来证明，直到小盗龙的出现。这只奇特的恐龙生存在距今约 1.2 亿年前，是目前已知的最小恐龙之一。它那特别的翼部构造不仅引起了学者对现生鸟类飞行起源的讨论，还论证了一个观点：现生鸟类可能都演化自四翼，或从生有长足部羽毛的动物而来。

长尾控方向

小盗龙虽然长得小，但尾巴可是很长的，尾椎的发达骨化肌腱也令尾巴在水平方向上具有高度灵活性，那些翩翩的尾羽也可协助控制方向。

神秘的光芒

小盗龙是目前发现的最早的羽毛有光泽的恐龙了。请想象，在密林的一隅，太阳光穿过树叶射下来，几只小盗龙落在树上。突然，一束黑蓝相间的神秘光芒爆发出来，上演着转瞬即逝的美丽。

后翼的用途

小盗龙后翼的用途众说纷纭，有学者认为它能在日常滑翔中起到辅助的作用，也有学者认为它主要用在体温调节或展示上。

0.7米　　1.8米

· 拉丁文学名	*Microraptor*
· 类	兽脚类
· 食性	肉食性
· 体重	约 0.6 千克
· 体形特征	前后肢共有两对翅膀
· 生活区域	中国辽宁省

猎杀的辅助帮手

小盗龙的每根长羽前缘都窄于后缘，形成的流线型构造能减少空气阻力，令它更容易飞行。它腓骨上的羽柄（羽轴的半透明部分）垂直于背部，在捕猎时可以降低速度，起到刹车的作用。

尾羽龙

无处不在的炫耀

1997年，古生物学家在中国辽宁省发现了一块意义非凡的化石。起初这件标本被归于鸟类，可经过仔细研究后，被判属于恐龙。这只新恐龙的最特别之处就是尾端有一柄极美的羽扇，虽然无法像雄孔雀的尾羽那么绚烂夺目，但也是在恐龙家族中脱颖而出的。它就是非凡美丽的尾羽龙。

绚丽的化身

尾羽龙的特点是有一件漂亮的"羽毛外套"，尾顶是一束呈扇形排列的尾羽，前肢也排列着羽毛。从化石上可以看出这些羽毛明显有羽轴并演化出对称的羽片。遗憾的是，尾羽龙不会飞翔，羽毛仅作为保持体温和获得异性青睐之用。

·拉丁文学名	*Caudipteryx*
·类	兽脚类
·食性	肉食性
·体重	约 2.2 千克
·体形特征	身上覆盖羽毛，尾巴有羽毛
·生活区域	中国辽宁省

0.7米　　1.8米

坚硬的头骨

尾羽龙的头骨短且方，末端还有类似喙的结构。整体而言，这个头骨比较坚硬，能在打斗时保护脑内软组织。

矫健的英姿

尾羽龙的后肢很长，身体也非常结实，也许同样是种具有奔跑能力的恐龙。有些学者以为尾羽龙其实是一种已经去掉飞行技能的"大鸟"，与我们今天看到的鸵鸟很像，跑起来威风凛凛。

突出的门牙

除上颌前端伸出一些锐利的长牙齿外，几乎看不见尾羽龙长有其他牙齿。这几颗突出的牙齿坚固异常，就像松鼠的那一对大门牙，是吃贝类或鱼类动物的可靠用具。

中华龙鸟

石破天惊的发现

1996 年，中国古生物界向世界传递出一条爆炸性信息，即第一只长有绒状细毛的恐龙——中华龙鸟的化石被发现了！发现地是中国辽宁省。经过近 14 年的研究分析，在 2010 年，古生物学家终于揭开了中华龙鸟的最后一层神秘面纱，找到了其毛发衍生物内的黑色素。相关研究员推测中华龙鸟的毛发为栗色或红棕色。

灵活小短手

中华龙鸟的身体比例和其他小型恐龙不太一样。它的前肢很短，大约等同于后肢长度的三分之一，但是指爪很大，可协助捕猎。

媒体宠儿

中华龙鸟的发现立刻传遍了全世界，美国前总统克林顿在《国家地理》杂志创刊110周年庆祝大会上，手持封面印有尾羽龙复原图的最新一期《国家地理》杂志，称赞中华龙鸟、原始祖鸟和尾羽龙是最重要的科学发现之一。

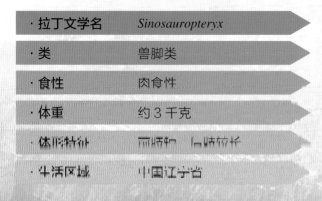

·拉丁文学名	*Sinosauropteryx*
·类	兽脚类
·食性	肉食性
·体重	约3千克
·体形特征	而喙短，口喙较长
·生活区域	中国辽宁省

1.3米

1.8米

平衡功能

中华龙鸟的长尾巴比它身体的一半还长，内部含有60多节尾椎骨，由发达的神经棘和脉弧组成，用来保持高速奔跑时身体的平衡。

反荫蔽

反荫蔽是动物保护色的一种，即背部比腹部的颜色深，上射的光线就会与自身的颜色均匀，因而不易被发现。中华龙鸟的背部颜色深于腹部，尾巴的颜色也深浅交错地排列着，更易躲避危险。

141

似鳄龙

夺命一击

1998年，美国古生物学家保罗·塞里诺等人在尼日尔的泰内雷沙漠附近发现了一块化石，约三分之二的身体骨骼被保存下来。它就是似鳄龙，一种巨大的以鱼为食的恐龙。似鳄龙的脑袋上又长又窄的口鼻构造，不禁让人联想到冷血凶残的鳄鱼。它栖息的环境也不是如今的黄沙遍地，而是水草丰美的沼泽。

鲜艳的延伸物

同棘龙一样，似鳄龙后背也有一排延伸物，但却没有棘龙的那么高大。在这个延伸物的表面布有鲜艳的颜色，能够在交配季节吸引异性的青睐。

锋利的"镰刀"

似鳄龙强壮的手部长有3指，最为凶悍的就是拇指上镰刀一样的指爪，大而锋利，可以牢牢扣住并瞬间刺穿猎物，猎杀水生动物简直不费吹灰之力。

12米

1.0米

· 拉丁文学名	*Suchomimus*
· 类	兽脚类
· 食性	肉食性
· 体重	约2 500 千克
· 体形特征	鳄鱼一样的口鼻部
· 生活区域	尼日尔

巅峰对决

帝鳄是一支已灭绝的鳄类动物，同似鳄龙共同生活在白垩纪早期的非洲。因为两位掠食者的口味差不多，所以它们常常会为了争夺同一猎物厮杀不止。

发达的齿系

似鳄龙长且狭窄的嘴里长着约100颗牙齿，虽然不是很锐利，但呈后弯曲形态且坚硬无比。它的口鼻前端还有较后端更长的牙，最容易锁住体滑的鱼儿们了。

143

高棘龙

凶残的"绞肉机"

在距今约 1.1 亿年前的北美洲大陆上，居住着一群背上长有高棘的恐怖怪兽——高棘龙，其庞大的体形和无比锋利的牙齿可同暴龙比拼，无不表明了它强悍的能力。近年来古生物学家们又发现了许多高棘龙化石，为研究其生理结构增添了更多的资料。然而，高棘龙的归属仍存在争议，有些学者将它归到异特龙类，但有些则认为它属于鲨齿龙类。

嗅觉发达

　　2005年，有学者使用X射线断层成像技术分析了高棘龙的大脑内部，制作出了高棘龙的颅腔模型。其内的嗅球很大，显示高棘龙拥有良好的嗅觉功能。

11米

1.8米

·拉丁文学名	*Acrocanthosaurus*
·类	兽脚类
·食性	肉食性
·体重	约 4 400 千克
·休形特征	背上有高棘
·生活区域	美国

背部的高棘

高棘龙外表最显眼的特点当属那些从脖子延伸到后背的高大神经棘。这些背棘是肌肉的附着处，具有调节体温和贮存脂肪的功能。

龙过留迹

古生物学家在美国得克萨斯州的玫瑰谷组地层发现了大量的大型三趾型兽脚类足迹，而该地区的唯一大型兽脚类恐龙就是高棘龙，所以他们推断这些足迹很可能是由高棘龙所留下的。

悠闲的姿势

经学者研究表明，高棘龙手部关节的许多骨头没有完全吻合，所以这些关节中一定有软骨存在。当高棘龙休息时，下垂的前肢、微微向后摆的肱骨、弯曲的手肘和指爪向内等动作无不显示其放松的姿态。

145

肃州龙

多用的指爪

在距今约1亿年前的白垩纪，中国西部的戈壁滩是一片茂盛翠绿、勃勃生机之景。针叶树、蕨树和低蕨类植物簇拥生长，大大小小的湖泊静静地躺在那里，还有时不时令尘土飞扬的肃州龙经过。即使湖水会随着季节进行周期性的干枯、蓄水之变，充足的食物来源也会为肃州龙提供活下去的机会。

不折不扣的"吃货"

肃州龙不仅是位素食者，还是一个不折不扣的"吃货"。你知道吗？它会用一整天的时间吃东西，因而身体也长得非常巨大强壮，和其他兽脚类的植食性恐龙差别很大。

利剑"三叉戟"

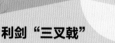

肃州龙的前爪是3个分离的指爪，非常锋利，不仅可以抵御敌人的攻击，还能轻易地把树枝扯拽下来，方便肃州龙享用多汁的树叶。

巨型火鸡

肃州龙长得可是令人过目不忘。美国古生物学家马特·拉曼纳就说过："毋庸置疑地讲，肃州龙是迄今为止发现的相貌最奇特的恐龙，它们看上去就像是巨型火鸡！"

· 拉丁文学名　　*Suzhousaurus*

· 类　　　　　　兽脚类

· 食性　　　　　植食性

· 体重　　　　　约1 300千克

· 体形特征　　　细长脖颈和小头

· 生活区域　　　中国甘肃省

6米

1.8米

脑量商的测量

　　究竟用什么来判断恐龙是聪明还是笨呢？科学家找到了一种"脑量商"办法，即脑量商越大，智力水平就越高。一般来说，肉食性恐龙的脑量商要大于植食性恐龙，所以也就比它们聪明。肃州龙的脑袋不大，脑皮层也不厚，因而它也只是种笨笨的恐龙！

棘龙

高傲的渔夫

早在 1912 年，德国的古生物学家就在埃及发现了棘龙的化石，并将其存放于德国的慕尼黑博物馆中。不幸的是，1944 年，这个博物馆被炸毁了，这件珍贵的棘龙化石也就消失了。但在近几年，古生物学家又发现了棘龙的化石，研究之门得以重新开启。棘龙的体形大于暴龙和南方巨兽龙，是目前已知的最大陆生肉食性恐龙之一。

浪里白条

2014年的发现表明，棘龙有一双扁平的脚，可用于帮助身体在水中划行。此外，棘龙的腰带也要比同类更小，表明其重心似乎已经后移，便于其游泳。

储能功能

棘龙的棘帆好似一块太阳能电池板，能在白天吸收太阳的能量并贮存在特殊的组织中。在夜晚降临之际、寒冷侵袭之时，棘龙就可以利用白天收集来的热量保证自身的活动。

圆锥形的牙齿

同属兽脚类的棘龙牙齿却不是常见的餐刀形，而是呈圆锥形态。牙齿表面是纵向分布的平行纹，为鳄鱼等主要以鱼为食的动物拥有的特征，令鱼肉不会紧贴于牙齿上。

· 拉丁文学名	*Spinosaurus*
· 类	兽脚类
· 食性	肉食性
· 体重	约 10 000 千克
体形特征	帆状神经棘
· 生活区域	埃及 摩洛哥

14米

1.8米

别被情节误导

在著名电影《侏罗纪公园Ⅲ》中，棘龙被编剧描写成一种比暴龙还要强壮的恐龙，甚至在片尾把暴龙咬死了它。但在实际的恐龙世界里，这是永远不可能的。因为棘龙生活在白垩纪早期，而暴龙在晚期才出现。所以，两种生活在不同时期的恐龙怎么可能碰面呢？

149

棱齿龙

　　在白垩纪早期，小型的植食性恐龙之所以能在弱肉强食的残酷时代中生存下来，其优秀的奔跑技能功不可没。在此期间，一群极其善于奔跑的恐龙——棱齿龙出现在白垩纪早期。棱齿龙是鸟脚类恐龙中奔跑速度最快的种类之一，迅捷如风的速度是棱齿龙保命的法宝，逃脱掠食者的魔爪可谓轻而易举。

平衡功能

　　棱齿龙用双腿行走，走路的时候姿势是水平的。当它快速奔跑时，尾巴是笔直的而非弯曲着地，这样可以协助它保持平衡和拥有转弯的能力。

"凌波微步"

　　这样的画面经常上演：玲珑娇小的棱齿龙们从某些大型恐龙的肚子下面快速穿过，在那些恐龙还没反应过来是怎么回事儿的时候就逃得无影无踪了。

· 拉丁文学名	*Hypsilophodon*
· 类	鸟脚类
· 食性	植食性
· 体重	约 20 千克
· 体形特征	体形较小
· 生活区域	英国

颊部的配合

　　根据头骨结构和颌部后方的牙齿显示，棱齿龙拥有颊部结构，能够咀嚼食物，而不是直接吞咽进食。

接力的牙齿

　　当棱齿龙将上颌朝外移动时，下颌则会反方向收回，于是上下牙齿就会做出不断相互磨合的动作。棱齿龙就是靠着这种特性依次磨尖牙齿，这些牙齿也会不停地再长出来。

2米

1.8米

腱龙

温驯的长尾朋友

腱龙生活在白垩纪早期的北美洲大陆上，是与恐爪龙化石一起被发现的。从化石状态来看，应该是单独一只腱龙遭到几只恐爪龙围攻，这也是腱龙古老漫长生活的一个剪影。腱龙是很温驯的禽龙科恐龙，喜爱群居生活。它们之所以能在"群龙逐陆"的白垩纪存活下来，靠的就是自卫能力。因而，当腱龙与恐爪龙面对面相遇时，成为胜者也是有可能的。

健美的腿

腱龙的前后腿都很纤细，且前腿短于后腿。因此可以推断出腱龙比较善于奔跑，尤其是幼年的时候。

多功能的"第三条腿"

腱龙有一条令人印象深刻的大尾巴，不仅能够用来自卫，还能像袋鼠的尾巴一样用来支撑身体，可谓是腱龙的"第三条腿"。当它想要摘取高处的树叶时，就会依靠强健的后肢和身后粗壮的尾巴轻而易举地抬高上半身。

被恐爪龙捕杀

目前发现的腱龙分两个种：提氏腱龙和道氏腱龙。而在提氏腱龙的化石标本上，可以看到一些牙齿，并在其附近发现其他恐龙的骨骸。经研究分析，这些牙齿和骨骸属于恐爪龙，表明这只腱龙是被恐爪龙猎杀而亡的。

· 拉丁文学名	*Tenontosaurus*
· 类	鸟脚类
· 食性	植食性
· 体重	1 000 ~ 2 000 千克
· 体形特征	又粗又长的尾巴
· 生活区域	北美洲

6～7米（图中约为7米）

1.8米

硬物"切割器"

腱龙的鹦鹉状钩嘴前部无牙，而后部有牙。这些脊状牙齿属于典型的禽龙科恐龙的特征，磨碎树枝就是这种牙齿的优势。由于牙齿可以不断更替，坚硬的植物就变成了腱龙终生不变的食物。

153

乌尔禾龙

魔鬼城的剑客

在中国新疆有一处叫作"魔鬼城"的地方，终日被风沙侵袭。但是在距今约1亿年前，那里却是一处至美仙境。巨大的淡水湖泊如同娴静的女子一样，岸边长满了浓密茂盛的植物，而著名的乌尔禾龙，就世代在这里繁衍生息。乌尔禾龙是一类大型剑龙类恐龙，虽然很笨拙，但大自然却赋予它坚硬的骨板和钉刺为其架构生存堡垒，令它拥有自己的生存之道。

生存环境

乌尔禾龙的生存环境逐渐有变冷的趋势，高纬度区域降雪增加，但热带地区变得更加湿润，各种植物借着丰富的水分和充足的阳光恣意生长，令乌尔禾龙的存活机会大大增加。

堪忧的"矛盾"

乌尔禾龙和其他剑龙类一样，尾巴长有四根似钉子的尖刺，可以无惧大型恐龙的侵袭。虽然这些尖刺很厉害，但一旦被折断就无法再生，因此它可要时刻保护好自己的武器。

154

- 拉丁文学名　　*Wuerhosaurus*
- 类　　　　　　剑龙类
- 食性　　　　　植食性
- 体重　　　　　1 200 ~ 4 000 千克
- 体形特征　　　背部骨板较圆、较平坦
- 生活区域　　　中国新疆

5~7米（图中约为7米）

1.8米

变了形的骨板

　　从发现的化石来看，乌尔禾龙背部的平坦骨板呈半圆形，但其实这些骨板可能在保存中有过变形，真实的形状无法得知。

身高的改变

　　较之其他剑龙类恐龙，乌尔禾龙的身高不高，据研究发现，这是由于吃低层植被的适应性结果造成的，即由于长时间只吃低矮植物，令它的四肢逐渐变短，身体也就渐渐变矮了。

155

鹦鹉嘴龙

有爱心的小家伙

1922年，由美国探险家、博物学家，罗伊·查普曼·安德鲁斯带领的中亚探险队进行第三次考察时，发现了鹦鹉嘴龙化石，为研究这类恐龙提供了素材。此后，在中国的辽宁省又发现了大量的化石。从"鹦鹉嘴龙"这个名称我们就可推测，它的嘴同鹦鹉的嘴非常像，故此得名。

功能型巨喙

鹦鹉嘴龙有个超级巨喙，咬力惊人。这个喙同鹰嘴龟的极像。要知道，鹰嘴龟只有成人手掌那么大，却能一口咬断一次性筷子。如果将那张嘴同比例地扩大到近两米的鹦鹉嘴龙身上，就能想象到其强大的咬合力了！

·拉丁文学名	*Psittacosaurus*
·类	角龙类
·食性	植食性
·体重	约 20 千克
·体形特征	嘴像现代鹦鹉的喙
·要点区域	中国 泰国 俄罗斯 蒙古国

(图中约为1.6米)
0.9~1.6米

1.8米

尾巴的毛毛

古生物学家认为，至少有一个种的鹦鹉嘴龙，其尾巴以及背部末端有着鬃毛状的结构，这可能起到展示的作用。

胃中有奥秘

鹦鹉嘴龙需要借助胃石才能彻底消化食物，胃石存在于砂囊内(砂囊收缩力极强，可磨碎植物)。它能够存储的胃石数量惊人，有时甚至达到50颗之多。

小恐龙的幼儿园

古生物学家曾多次方现大量鹦鹉嘴龙聚集的化石遗迹，证明它们会将同群的小鹦鹉嘴龙宝宝们一起照顾，就像一个恐龙幼儿园。小宝宝们会一直待在那里，直到骨头硬化且具有独立活动能力后方可独自外出。

157

南方巨兽龙

南方的终极杀手

在距今约 9 700 万年前的白垩纪晚期，有一种非常厉害的掠食者在陆地上出现了。它们健硕的前肢比暴龙还适合猎杀动物，大腿股骨比暴龙的还要大。它们就是体形巨大的陆地肉食性恐龙——南方巨兽龙。南方巨兽龙是侏罗纪异特龙的后代，却在自然选择中演化出更加庞大的体形。

惊人的速度

当南方巨兽龙奔跑时，古生物学家将其身体从摆动状态恢复到平衡状态时所用的时间，同股关节的运动和平衡的活动范围相比得出结论：南方巨兽龙的奔跑速度最高可达每秒14米。

尾巴的功效

南方巨兽龙坚硬的骨骼和强壮的肌肉网络是支撑沉重身躯的保证，与此同时还会令它在捕食时有不俗的速度。长而尖的尾巴则赋予它迅速转向和击昏猎物的能力。

群居合作

你知道吗？古生物界已经普遍认同巨型的肉食性恐龙很难出现复杂的社会行为。但是有古生物学家却发现在南方巨兽龙的意识中可能已拥有群居概念，甚至在群居生活中学会了合作捕食的方法。

·拉丁文学名	*Giganotosaurus*
·类	兽脚类
·食性	肉食性
·体重	7 000 ～ 8 000 千克
·体形特征	大脑袋，下巴略呈方形
·生活区域	阿根廷

13～14米（图中约为13米）

1.8米

可怕的咬合力

　　南方巨兽龙的咬合力至少有6吨，最大的利齿足有30厘米，刀一样锋利的牙齿令它能够快速撕下猎物的皮肉。在陆生动物中，暴龙的咬合力最大，南方巨兽龙则紧随其后。

159

似鸵龙

全力奔跑

在距今约 7 500 万年至 6 600 万年前，有一种和鸵鸟长得非常像的长腿恐龙叫似鸵龙。这种兽脚类恐龙生存于白垩纪晚期的加拿大，身后拖着一条几乎比身体一半还长的大尾巴。但是，似鸵龙最终和其他恐龙一道永远地消失了。现在我们能够接触到的不飞鸟类同似鸵龙很像，比如巨大的鸵鸟。

双眼的魅力

似鸵龙的小脑袋上长着一双很大的眼睛，因而视线一定非常好。再加上那高超的奔跑技能，发现并躲避危险可谓绰绰有余。

疾速逃离

古生物学家研究指出，当似鸵龙遇到危险时，唯一能够令它存活下来的办法就是奔跑。它的奔跑速度能达到每小时50至80千米，最快时，两步跨距能达到6米，足有两层楼那么高！

·拉丁文学名	*Struthiomimus*
·类	兽脚类
·食性	杂食性
·体重	150 - 350 千克
·体形特征	外形像鸵鸟
·生活区域	加拿大

（图中约为4米）
4～5米

1.8米

强势"组合"

似鸵龙长且壮的双腿是专门为奔跑而生的。长于股骨的胫骨可以支持高速奔跑；联合的3根跖骨可使力量从脚踝输送到腿部和其他部位，令似鸵龙发挥出极致的速度。

助力"跑鞋"

似鸵龙双脚上的爪子如同跑鞋底面的纹理一样有很强的抓地能力，能够避免打滑摔倒，令其可以无后顾之忧地全速捕捉猎物。

食肉牛龙

史前牛魔王

在距今约 7 200 万年至 6 990 万年前的白垩纪晚期，生活着一种大型肉食性恐龙——食肉牛龙。它们是奔跑速度极快的大型恐龙，以自身的身体素质优势占领了南美生物圈的食物链之巅，是当时令动物们闻风丧胆的巨型恶霸。当看到食肉牛龙出现时，其他动物们就会马上逃跑。此外，食肉牛龙还是第一种发现大量化石皮肤印记的兽脚类恐龙。

深度知觉

食肉牛龙的眼睛向着前方，可能有着双眼视觉及深度知觉。深度知觉是个体对同一物体的凹凸或对不同物体的远近的反应。视网膜虽然是一个两维的平面，但其不仅能感知平面的物体，还能产生具有深度的三维空间的知觉。

如牛的特角

要说食肉牛龙最特殊的部位，就是长在眼睛上方那两根又短又粗的角，令头顶略宽。这两根角不仅可以用作争夺配偶的武器，还可以同其他种族进行激烈的打斗。

速度才是它们的强项

食肉牛龙堪称恐龙族群中的"短跑健将"，捕食时的速度可达到55千米每小时。食肉牛龙尾骨相互交叉向上倾斜，尾部肌肉强壮，被称作尾股间肌肉。尾股间肌肉越强壮，恐龙的奔跑速度就越快。

· 拉丁文学名　*Carnotaurus*

· 类　兽脚类

· 食性　肉食性

· 体重　约 2 000 千克

· 体形特征　眼睛上方长有一对角

· 生活区域　阿根廷

8米

1.8米

皮内成骨

　　食肉牛龙的背部与体侧的皮肤上，有多列的圆锥形皮内成骨，部分直径达0.05米，包括宽而平的甲板和小而圆的结节。这使食肉牛龙的外表凹凸不平，类似今日鳄鱼的外表。

恐手龙

恐怖的魔爪

　　1965 年，一支考察队在蒙古国的戈壁沙漠发现了一种拥有可怕巨爪的恐龙，仅前臂和手指骨骼就达 2.4 米长，其中爪子就有 20 ～ 30 厘米。当时一位研究者还写道："当我想象整个恐龙的模样时真是令我毛骨悚然！"它就是目前所发现的恐龙中最令人感到惊悚的一种——恐手龙。

灵活的前肢

　　暴龙的前肢短小，起不到很大作用。但恐手龙的前肢修长灵活，因而较大多数恐龙的更为实用。从骨骼来看，关节可以灵活运转，也就令恐手龙在对敌时活动自如。

锋利的"手术刀"

　　恐手龙除了有强壮灵活的前肢外，长有锋利指尖的大爪也是生存的利器。恐手龙可利用这种大爪撕开敌人的皮肉，就如同医生手中的手术刀划开病人的皮肤一样。

·拉丁文学名	*Deinocheirus*
·类	兽脚类
·食性	杂食性
·体重	约 6 400 千克
·体形特征	犀利的爪子
·生活区域	蒙古国

11米

各司其职的四肢

　　恐手龙的前肢是进攻的武器，其细长锋利的爪子注定了前肢无法助其行走。于是，奔跑和走路的重担就交给后肢完成了。慢慢地，恐手龙的后肢肌肉进化得健壮无比。最终，四肢有默契地相互配合，服务恐手龙的一生。

攀爬猎手

　　有人推测恐手龙的前肢异......只而非猎杀武器。而来自俄罗斯的古生物学家研究了恐手龙和树懒的前肢后认为，恐手龙是善于爬树的动物，吃水果、树叶或小动物的蛋。

165

镰刀龙

距今约 7 000 万年前白垩纪晚期的戈壁沙漠，并不是如今的黄沙遍野、一片荒凉，而是生机勃勃、水草丰美的植物天堂。在那里，居住着一种植食性恐龙——镰刀龙，它的长相非常好玩儿，可以说是恐龙中的"四不像"。1948 年，由来自苏联和蒙古国组成的挖掘团队发现了镰刀龙的化石，但他们被其独特的大爪子迷惑了，将其标本归入一种大型的龟类，直到 1970 年代才改正过来。

谜一样的食性

古生物学家对于镰刀龙吃什么还存有争议，目前大部分的意见是植物。它会用长长的手臂和尖利指爪拽下树叶来吃。但是也有人认为它们是吃白蚁的，那对巨大的爪子就是为挖开白蚁巢穴而生。可是如果以昆虫为食的话，镰刀龙会有那么大的体形吗？

消化系统

镰刀龙的盆骨好似一个大篮子，因而腹部空间更大，可以容纳更多肠子，帮助进行食物的摄入、运转和消化，以及吸收营养和排泄废物等复杂的生理活动。

直立行走

有些学者认为镰刀龙的前后肢长度相近，所以可能像大猩猩那样走路。但是大多数的学者却支持镰刀龙不会用四肢行走的说法，因为那样的前肢不适合支撑身体，爪子也很碍事。

·拉丁文学名	*Therizinosaurus*
·类	兽脚类
·食性	不详
·体重	约5 000千克
·体形特征	前肢上有极长的指甲
·生活区域	中国 蒙古国

10米

1.8米

张扬的巨爪

　　镰刀龙有一对巨爪可用来自卫或抢夺异性。当碰到敌人时，它可能会展开并挥舞双臂，以此来展示巨爪威吓对方，因而也会在异性心中树立自己高大男猛的形象。

玛君龙

手足相残的恶魔

与非洲大陆东南部相望的马达加斯加岛在白垩纪晚期可并不是一个度假天堂，干旱的沙漠极有可能是它的真实面目。在这片燥热的、翼龙飞舞的大地上，还居住着一种兽脚类恐龙——玛君龙。玛君龙的骨骼化石是于 1979 年被发现的，古生物学家还在化石上发现了同类的齿痕。因此，学者们猜测玛君龙有嗜食同类的残忍习性，这也是它"臭名昭著"的原因吧！

残忍的玛君龙

玛君龙之间的打斗可不只是在切磋，那是用生命在搏斗！要知道，在这个残忍的、适者生存的环境里，已经没有所谓的同类概念了，活下来才是它们的唯一目的。但是这种"六亲不认"的情况其实只存在于玛君龙的家族中。

著名的大头

玛君龙有一个著名的大头，其上的各种开孔可以帮助减轻脑袋的重量。此外，在额顶的位置上还长有一个角状凸起，它是追求异性的工具。

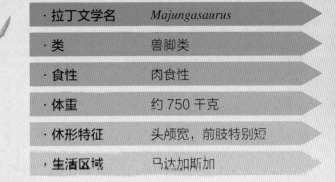

· 拉丁文学名	*Majungasaurus*
· 类	兽脚类
· 食性	肉食性
· 体重	约 750 千克
· 体形特征	头颅宽，前肢特别短
· 生活区域	马达加斯加

高度"近视"

　　较小的视觉中心令玛君龙的视觉有限，双眼所见事物无法重叠，因而没有很好的深度感知。要知道，两只玛君龙要想从侧方向看对方的话都非常困难。

6米

1.8米

结实的后肢

　　相较于其他兽脚类恐龙较为修长的后肢，玛君龙的后肢显得短而结实，这使其能轻松追上那些行动缓慢的蜥脚类恐龙。

特暴龙

暴龙的亚洲兄弟

在白垩纪晚期的东亚，潮湿的平原上，河道广布、水草丰美。在这样一个人间天堂里，却居住着一种人称"杀戮机器"的恐龙。它就是特暴龙——最大型的暴龙类恐龙之一。这只恐龙的化石被保存得很好，包括完整的头骨和脊椎骨等标本，可以帮助研究者详细了解暴龙类恐龙的种系关系和脑部构造等相关信息。

上镜的"明星"

虽然特暴龙残忍凶暴，杀戮无数，但很受媒体的欢迎，2005年就在英国BBC的电视节目《恐龙凶面目》里上镜了。此外，它还"受邀"参演了《镰刀龙探秘》，可谓是个恐龙明星。

头部力学

特暴龙鼻骨和泪骨间没有骨质相连，但却有个大突起长在上颌骨后并嵌入泪骨，咬合力会由上颌骨直接转到泪骨处。它的上颌很坚固，因为上颌骨与泪骨、额骨和前额骨牢牢固定着。

· 拉丁文学名	*Tarbosaurus*
· 类	兽脚类
· 食性	肉食性
· 体重	约 4 000 千克
· 体形特征	每只前肢有两指，后肢粗壮
· 生活区域	蒙古国 中国

9.5米

1.8米

粗壮的长尾

　　除了长且粗壮的后肢，特暴龙还有一条又长又重的尾巴，这可以帮助它平衡前部躯体的重量，将重心保持在骨盆处。

捕猎方法

　　特暴龙的头骨后段觉大，但前段娇小。此外，后段头骨显示特暴龙的眼睛无法直接朝前，因而不具有暴龙的立体视觉。其实，特暴龙是靠着嗅觉和听觉能力进行捕猎的。

171

似鸡龙

在恐龙世界里，兽脚类可算是"名门望族"了，支系广布，子弟众多，而且基本都是凶残的食肉"杀手"。但每个家族总会有一两个"不合群"的，似鸡龙就是其中之一，它是杂食性恐龙，除了吃肉还吃浮游生物。似鸡龙活跃在距今约7 000万年前的白垩纪晚期，是于20世纪70年代初在蒙古国的沙漠"现身"的。

浓缩的智慧

似鸡龙的脑袋大小同庞大的体形相比可谓不值一提，但这只是表面现象。据研究者推测，似鸡龙头骨内可能有着发达的大脑，使似鸡龙聪慧异常。

轻便的骨骼

别看似鸡龙体形很大，但它的体重却不大。似鸡龙身体的骨骼都是中空的，正是这种中空构造，使得它们能够飞奔竞走。

·拉丁文学名	*Gallimimus*
·类	兽脚类
·食性	杂食性
·休重	约 450 千克
·休形特征	外形像鸡
·生活区域	蒙古国

6米

1.8米

疾速狂奔者

　　似鸡龙可谓是白垩纪的奔跑健将。短趾、长跖骨和长于股骨的胫骨，加上先天的强壮肌肉，令似鸡龙瞬间变身为一台"加速机器"。

多功能利爪

　　似鸡龙爪于上的3个指爪可是多功能用具，不仅可以御敌，还能够翻拨泥土寻找小动物和恐龙蛋，如同鸡一样刨土挖虫。只不过似鸡龙使用的是未退化的前爪，而鸡用的是双腿。

173

胜王龙

血腥暴戾的君王

在距今约 6 900 万年前的印度半岛，森林、河流遍布，史前生活丰富多彩。玛君龙的近亲——胜王龙就生活在此。经研究发现，胜王龙与来自马达加斯加的玛君龙和南美洲的食肉牛龙有相似特征，表明起源于同一演化支系。其实，胜王龙生活的时代已经接近恐龙种族灭绝的时候，所以为学者研究恐龙消失之谜提供了更多线索，也许真相就在脚下。

浑圆的顶饰

胜王龙头顶上有一个角状物，短小浑圆，就如同古代君王额头上或金、或银、或玉的佩戴物。它可以用来辨认同类，也可以威吓侵略者。

·拉丁文学名	*Rajasaurus*
·类	兽脚类
·食性	肉食性
·体重	约 4 000 千克
·体形特征	头顶上长有浑圆角状物
·生活区域	印度

11米

1.0 米

直直的大尾巴

　　当胜王龙走在大地之上时，尾巴是不会碰到地面的，而是直挺挺地翘在身后，以平衡身体。另外，这条直直的大尾巴还是攻击挑战者的有力武器。

随身携带的千斤顶

　　相比庞大的身躯而言，胜王龙的前肢可是相当短小了，前端只有3根爪状指。虽然看似笨拙滑稽，但千万不要小瞧这对前肢，因为它们可以像千斤顶一样"顶"起胜王龙。

胜王龙的分量

　　根据对胜王龙化石出土处的沉积物，学者认为在那里曾爆发了5亿年以来最大规模的火山活动之一。此外，这只食肉恐龙的出现还对分析印度大陆如何脱离非洲板块，然后"撞进"亚洲的怀抱提供了宝贵的资料。

175

暴龙

暴龙绝对是全世界恐龙爱好者的超级偶像，自1905年被命名以来就一直坐在恐龙家族的国王宝座上。暴龙只有一个种——君王暴龙，又名霸王龙。暴龙生存于距今约6 700万年到6 600万年前的白垩纪晚期。它们是令"恐龙文化"崛起的领军人物，从凶猛残暴的外表到惊悚刺激的捕猎画面，燃起孩童渴求知识的欲望，牢牢地占据了恐龙爱好者的内心，堪称恐龙星球的终极之王！

致命的"香蕉牙"

暴龙残忍撕咬猎物全靠口中60多颗牙齿。凿状牙紧密排列于前上颌骨，横剖面呈英文字母"D"形，牙齿向后弯曲且形状类似香蕉，最长的可达30厘米，有一半以上是埋在牙龈里的。千万不要小看这些"香蕉牙"，它们联合起来能够轻易咬碎一台汽车。

· 拉丁文学名　　　*Tyrannosaurus*

· 类　　　　　　　兽脚类

· 食性　　　　　　肉食性

· 体重　　　　　　约 6 000 千克

· 体形特征　　　　巨大的头，口中有"香蕉牙"

· 生活区域　　　　北美洲

12米

1.8米

作用甚小的前肢

暴龙的前肢小得可怜，仅有80厘米左右，位置也非常靠后。这对可怜的小手不仅无法够到自己的脚部，甚至还摸不到自己的嘴，可想而知在战斗时根本没有任何作用。可能仅起到当暴龙趴着休息后起来时支撑身体的作用。

敦实的"承重墙"

暴龙的后肢异常强大，每只脚可承受约半只大象的重量。脚掌有3个脚趾触地而跖骨离地。其稳固的踝部关节是简单的铰链形态，让它能在崎岖的大地上自由行走。但是成年暴龙却不能奔跑，只能以18千米每小时至40千米每小时的速度行走。

暴龙的菜单

成年暴龙可能是位"独行侠"，享受着单身生活带来的自由。那么它的猎物又是什么呢？2003年，作古生物学家在美国蒙大拿州发现了被其他恐龙啃咬过的三角龙化石，从而说明是暴龙吃剩下的。

鸭嘴龙

史前"鸭嘴怪"

白垩纪晚期是恐龙消失前的繁盛时期，种类丰富，支系广布。有一群"鸭嘴怪"栖居在美国新泽西州的海边，由于嘴长得又扁又长，就像鸭子的嘴，所以叫它"鸭嘴龙"。这类恐龙往往有着极其庞大的种群数量，它们成百上千，甚至上万只集结成群，悠然地在北美大陆上生活着。

"进食机器"

鸭嘴龙的牙齿倾斜，数量惊人，上面是如同洗衣板的磨蚀面，会交错地咬合在一起。鸭嘴龙拥有发达的关节和肌肉，令上下颌可以灵活运动，牙齿就能将坚韧的植物磨碎甚至成糊状，使鸭嘴龙成为一台强大无比的"进食机器"。

8米

1.8米

- ·拉丁文学名　　*Hadrosaurus*
- ·类　　　　　　鸟脚类
- ·食性　　　　　惧食性
- ·体重　　　　　约3 000千克
- ·体形特征　　　鸭嘴状的嘴
- ·生活区域　　　美国新洋西州 亚洲

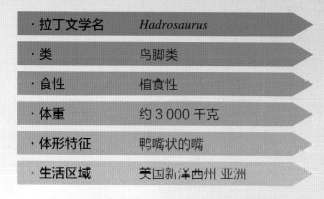

被误会的习性

　　最开始的时候，古生物学家认为鸭嘴龙生活在水里，但经过进一步的研究，已推翻这一说法。鸭嘴龙只有在遇到攻击时，才会跳入水中脱身。

趾部构造

　　鸭嘴龙的后足已进化成鸟脚状，有三趾。其实鸭嘴龙的后足曾经也有5趾，只不过第1趾和第5趾已完全退化，因而剩下3趾。

特殊的牙齿

　　鸭嘴龙的单颗牙齿由牙本质和釉质构成，表面是非常正规的菱形，但被分割成倾斜相背的两部分。

179

盔龙

戴头盔的鸭嘴龙

那是白垩纪晚期的一个傍晚，微风徐徐、草木摇曳，金色的夕阳铺满大地。突然，一声吼叫划破天际，紧接着，密林各处是四起的盔龙叫声，安宁不再。盔龙生活在距今约 7 500 万年前，是北美洲的一类大型恐龙。作为鸭嘴龙类恐龙的成员之一，盔龙族群间的不断鸣叫好似一次次的铜管乐演奏会，震撼着人心。

脊冠的作用

盔龙的鼻腔一直伸延至头冠上，可能是用来发声的，既可以彼此沟通，也可以威吓敌人。

华美的头冠

脑袋上顶着"半只碟子"的就是盔龙了，那是它的空心骨质头冠。而幼年盔龙和雌性盔龙的头冠相较于雄性的都小，因为只有成年雄性盔龙的头冠才会完全长成，并且在繁殖期不断变换颜色来追求异性。

不善于游泳

古生物学家一度认为自己在盔龙的手掌及脚掌上发现了蹼，进而认定这是一种善于游泳的恐龙。不过，后来学者发现这些蹼状物，其实是肉质残留，并不是蹼。

（图中约为7米）
7~8米

1.8米

· 拉丁文学名	*Corythosaurus*
· 类	鸟脚类
· 食性	植食性
· 体重	2 500 ~ 2 800 千克
· 体形特征	头顶上有半月形的冠
· 生活区域	北美洲

沉海的化石

1912年，美国著名的古生物学家巴纳姆·布朗在加拿大的红鹿河附近发现了第一件盔龙化石。4年后，即1916年，这件盔龙标本和其他恐龙化石被一同送往英国。但不幸的是，运送的船被一艘德国的武装商船击沉，那些辛苦得来的化石也就此沉入北大西洋的海底，不知何时才能重见天日。

181

短冠龙

长有平板脊冠的怪兽

短冠龙是一种中型恐龙，属于鸭嘴龙类。目前已发现几组骨骼的化石，出土于美国蒙大拿州及加拿大。短冠龙在白垩纪晚期四处走动，要想寻觅它只需找到头顶上有平板脊冠的恐龙就行了。它有一张扁平的嘴，咀嚼坚硬的植物对它来说根本不是问题。别看短冠龙体形较大，但缺乏厉害的武器，所以防御力较低是其生存的致命伤。

奇异的背脊

短冠龙的背上布满了奇怪的突起，可能具有日常生活中展示物的作用，用来吸引异性。

11米

1.8米

·拉丁文学名	*Brachylophosaurus*
·类	鸟脚类
·食性	植食性
·体重	约 7 000 千克
·体形特征	头骨上有平冠
·生活区域	美国 加拿大

豹纹之尾

短冠龙的尾巴粗壮，具备一定的战斗能力，上面还分布着类似豹纹的花纹，可见其时尚感也异常强烈。当然，恐龙的外表全都是形成于科学家们的丰富想象。

自豪的发现

2000年，古生物学家奈特·墨菲发现了一件未成年短冠龙的骨骼化石，其关节是完全连接的，且部分木乃伊化，被叫作"莱昂纳多（Leonardo）"。它是最雄伟壮观的恐龙木乃伊之一，已被选进吉尼斯世界纪录中。

平面头冠

头冠是短冠龙的重要标志，在脑袋上方形成平冠状，有些短冠龙的头冠大，有的短冠龙的头冠长成短而狭窄的模样。一些研究者认为这些头冠主要起推撞的作用，可惜硬度不够。

183

副栉龙

著名的"小号手"

白垩纪晚期的北美洲，气候温暖、河流纵横、植物繁盛，鸟脚类的副栉龙就生活在这样一个生机盎然的地方。它们通常都是几百上千只聚在一起生活，在享用丰富的蕨类植物的同时，也需时刻警惕肉食性恐龙的突然袭击。副栉龙有一个很有意思的部位，即它的头冠能够发出高、低的声调，如果发现危险，就会为同伴"报警"，进而减少族群的伤亡。副栉龙也因这个奇特的头冠加入著名的植食性恐龙行列。

灵活的腿关节

当副栉龙奔跑时，会用后腿支撑全身；而当它慢步或趴下时则需用到前肢。因而副栉龙四肢的活动度很大，后腿关节也异常灵活，如此才能随意开启两肢与四肢的运动转换模式。

家族成员的不同

副栉龙的中空冠饰内有一个细长的管子，从鼻孔延伸到冠饰末端，再返回到脑后，直至头颅内部。其中叫作"沃克氏"的副栉龙的管最为简单；相反，"小号手"副栉龙的最复杂，但两者的冠饰都较长。此外，有些副栉龙的管子是不通的，还有些是交叉分开的。

自带"报警器"

弯曲的头冠是中空的，其内是若干个被分层的骨腔，末端与口鼻部相连。骨腔中是空气，可以震荡发出声音。副栉龙就是通过骨腔内积累的高压气体，而发出震耳的长鸣。

· 拉丁文学名　*Parasaurolophus*

· 类　鸟脚类

· 食性　植食性

· 体重　约 2 600 千克

· 体形特征　长长的头冠

· 生活区域　美国犹他州、新墨西哥州

10米

1.8米

凹口的推测

在一件副栉龙的脊椎化石标本上，研究者发现一处可能属于颈部延伸到后背的地方。这是一个位于神经棘的凹口，有可能是小中的。因为如果有条从头冠至脊椎凹口的韧带来支撑脑袋的话，有点儿不实际。

奇异龙

美国在白垩纪晚期是一片平原，虽然气候较干旱，却拥有丰富多样的植物类群。奇异龙就是这里最常见的植食性恐龙，经常出入溪流河道，或饮水、或嬉戏，来自加拿大的古动物学家戴尔·罗素就曾在一本书中将奇异龙比作现代的水豚和貘。奇异龙可能会死在河道中间或小溪附近，尸体会较易被掩埋，随着地质变迁最终以化石形态展现在世人面前。

独特的后腿

奇异龙有独特的腿部构造，股骨长于胫骨。再加上较大的体形，它的速度可能比其他棱齿龙类恐龙要慢。

平坦骨板

研究者们在奇异龙的外肋骨发现了又大又薄的平骨板，推测也许会在奇异龙呼吸的时候发挥一定作用。

186

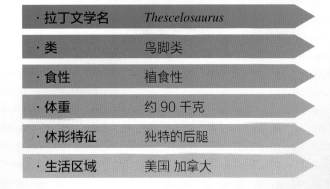

·拉丁文学名	*Thescelosaurus*
·类	鸟脚类
·食性	植食性
·体重	约 90 千克
·体形特征	独特的后腿
·生活区域	美国 加拿大

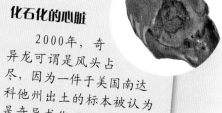

化石化的心脏

　　2000年，奇异龙可谓是风头占尽，因为一件于美国南达科他州出土的标本被认为是奇异龙化石化的心脏。但是究竟是否真的有，目前还在争论中，许多学者也开始质疑此标本的最初鉴定。

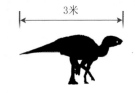

3米

1.8米

神秘的身体覆盖物

　　奇异龙身体覆盖的是鳞片还是其他物质目前还存在争论。有人认为其表面是由小鳞甲构成的装甲，但也有人认为这些物质是以个规则方式排列的表皮衍生物。

开角龙

开角龙生活在白垩纪晚期的北美洲大陆，与三角龙一样，开角龙的"老祖宗"可能也是白垩纪早期的祖尼角龙。相关研究者推测开角龙在演化的过程中丢掉了沉重的强防御力，而选择了轻便。由于拥有相对较轻的身体，它们的奔跑速度被认为比任何一种三角龙都快。

发达的骨突

开角龙的颈盾边缘上有许多小小的骨突，这些是它们分类的依据，这些小骨突起到协助防御或炫耀的作用。

重新分类

开始只发现开角龙的颈盾，于是加拿大古生物学家劳伦斯·赖博就将它归到独角龙类，叫贝氏独角龙。但在1913年，美国古生物学家查尔斯·斯腾伯格又找到了几块头骨，建立了开角龙属，开角龙最终开创出自己的天地。

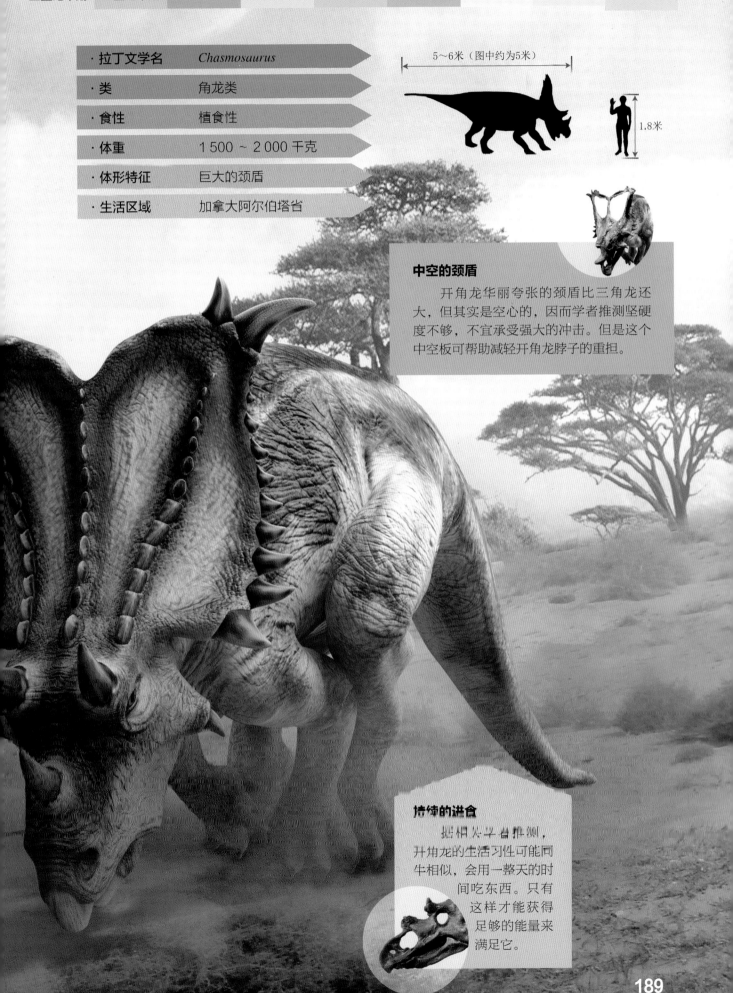

· 拉丁文学名　　*Chasmosaurus*

· 类　　　　　　角龙类

· 食性　　　　　植食性

· 体重　　　　　1 500 ~ 2 000 千克

· 体形特征　　　巨大的颈盾

· 生活区域　　　加拿大阿尔伯塔省

5~6米（图中约为5米）

1.8米

中空的颈盾

　　开角龙华丽夸张的颈盾比三角龙还大，但其实是空心的，因而学者推测坚硬度不够，不宜承受强大的冲击。但是这个中空板可帮助减轻开角龙脖子的重担。

持续的进食

　　据相关学者推测，开角龙的生活习性可能同牛相似，会用一整天的时间吃东西。只有这样才能获得足够的能量来满足它。

189

华丽角龙

最有特色的颈盾

在白垩纪的晚期，北美洲被西部内陆海分成了两块大陆，并且出现了一次意义非凡的辐射演化。华丽角龙生活在西部内陆海道的南部，其分支向北迁徙，在北部形成了迷乱角龙。华丽角龙与其他恐龙最主要的不同就是"爱美"，它的脑袋上布满了很多四处延伸的装饰物，有将近15个角或似角组织，可以说是角龙类恐龙中最多的。

濒海栖息

来自华丽角龙的骨骼分析令学者们大吃一惊，因为这一物种此前在北美洲从未被发现过。华丽角龙非常喜欢水，主要生活在美国犹他州的沿海地区。

华丽的角

华丽角龙头部两侧伸出的下弯的额角尖锐修长，与其他角龙类的不同，看看都会让人觉得不敢靠近。显而易见，这些角是用来自卫和战斗时使用的。

特色"盾牌"

华丽角龙的颈盾很有特色，方形颈盾的长为宽的两倍并向后上方倾斜，末端伸出数个向前弯曲的角。此外，在头盾边缘还有数个小的颈盾缘骨突，在战斗和求偶时使用。

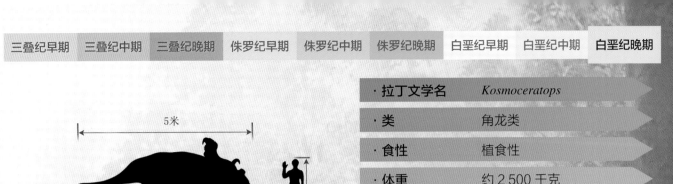

·拉丁文学名	*Kosmoceratops*
·类	角龙类
·食性	植食性
·体重	约 2 500 千克
·体形特征	头骨上有多个角状结构
·生活区域	美国犹他州

5米

1.8米

独特的头部骨骼

　　华丽角龙的头骨很
独特：头部前半平坦，
鼻角短小；额角
低矮起；口鼻
部狭小。

191

戟龙

锋利的画戟

戟龙是一种大型的角龙类恐龙，生活在距今约 7 550 万年到 7 500 万年前的白垩纪晚期，北美洲的大平原是它们的栖息家园。想要区分戟龙与其他角龙类，特大的鼻角可谓是最好的识别器，活像古代将士背着的画戟。但它们可不会像那些将士一样远离他乡，而是一直待在温暖的家里。在遇敌时，它们会围成一圈，自觉地维护弱小同类。

尖锐的鼻角

一个约60厘米长、15厘米宽的大鼻角长在戟龙的鼻骨上。在攻击时，大鼻角刺进敌人体内可谓是轻而易举，并在敌人身上留下圆洞状伤口，令其最终大量失血而亡。

力量的角逐

从外表上看，戟龙拥有很多的攻击武器，但是若与同类打斗，它们会避免用身上的尖刺，仅仅用壮实的肩膀进行攻击。这种"切磋"流行于大多数恐龙甚至现代动物之间，包括划分领地或争夺配偶等目的，纯粹是一场力量的角逐。

5米

1.8米

·拉丁文学名	*Styracosaurus*
·类	角龙类
·食性	植食性
·体重	约 3 000 千克
·体形特征	鼻部上有高大的角
·生活区域	加拿大阿尔伯塔省

利剑"盾牌"

颈盾边缘是数个尖锐的尖刺。这面带刺盾牌可攻可守，完美地将头部保护起来。只要把脑袋用力迅速抬起，戟龙的"利剑"就会狠狠地刺入敌人的身体。

向外撇的脚

戟龙的体长可是超过一辆轿车的长度的，所以强壮的四肢是平稳走路的必备品。向外撇的脚趾则会令它更好地掌握角度、平衡身体和支撑体重。

193

野牛龙

疯狂的巨头

在白垩纪时期的美国蒙大拿州上，你能看到平原、沙漠和湖泊等多种生态环境交错纵横，野牛龙就是在这样的环境下生活着。它的身高不高，鼻角大幅向前伸展，行动像犀牛一样缓慢。目前古生物学家已发现至少15件年龄不同的野牛龙化石，都放在蒙大拿州的一家博物馆内。

酷似鹦鹉的嘴

喙骨和前齿骨组成了野牛龙的喙状嘴，骨质结构表面或包裹着角质。锋利的喙状嘴会使野牛龙轻而易举地咬断坚硬的植被，可谓咬力惊人。

种系争议

由于野牛龙的头骨化石有几个过渡特点，所以学者一直对野牛龙在尖角龙类的种系位置存有争议。大部分认为它与尖角龙和戟龙是近亲，但后来也有人推测野牛龙属于厚鼻龙在演化中的早期物种。

弯曲的鼻角

野牛龙的最大特征就是鼻孔上的鼻角，像一个开瓶器，前部尖锐，整个向下弯。试想一下野牛龙用这个鼻角刺穿其他恐龙的肚皮，也许不会使对方直接毙命，但也会令其在一段时间内丧失活动能力，等待死亡的降临。

4.5米

1.8米

· 拉丁文学名	*Einiosaurus*
· 类	角龙类
· 食性	植食性
· 体重	约 1 300 千克
· 体形特征	大幅向前弯的鼻角
· 生活区域	美国蒙大拿州

硕大的颈盾

　　野牛龙的头顶上长有一对硕大颈盾，上面附着一组肌肉，从头后一直连接到下颌。这组肌肉会带动下颌进行咬断和咀嚼运动，令野牛龙有超强的咀嚼能力。

195

牛角龙

龙中"巨头"

1891年，古生物学家发现了牛角龙，但只有两件不完整的头骨化石。时至今日，已有很多牛角龙化石在美国各地出土，包括怀俄明州、蒙大拿州和犹他州等地。在发现的头骨化石中，最长的足有2.4米，这块头骨也因此成了已知陆地动物中的最大头骨之一。

超有力量的四肢

牛角龙是用四肢行走的动物。由于体形庞大、身躯沉重，所以牛角龙真的像牛一样行动缓慢。但千万不要小瞧它，其四肢可是异常有力！

· 拉丁文学名　　*Torosaurus*

· 类　　　　　　角龙类

· 食性　　　　　植食性

· 体重　　　　　4 000 ~ 6 000 千克

· 体形特征　　　脑袋占体长的一半

· 生活区域　　　北美洲

8~9米（图中约为8米）

1.8米

残酷的"角斗"

　　有了颈盾，牛角龙才能自豪地在交配季节向异性炫耀自己。可是若那位异性太受欢迎的话，颈盾就派不上用场了。这时，头上的角就该准备"出场"了。雄牛角龙们会叉开双腿，将角与角相抵在一起，进行决定胜负的"角斗"。当然，战败的雄牛角龙只能另寻它"龙"了。

巨大的头盾

　　牛角龙的头盾很长，在后方还生有至少5对缘骨突。试想一下，当牛角龙低下脑袋时，那壮观异常的头盾就会直直地竖起来，令牛角龙瞬间变高。

坚硬的嘴

　　随着时间的流逝，牛角龙的嘴巴已演化成侧面紧缩的嘴，能轻松地咬断和嚼碎坚硬的植物。

197

三角龙

终极角斗士

三角龙可以说是恐龙世界的超级明星了，它们生活在距今约 6 800 万年到 6 600 万年前的白垩纪晚期。然而，随着大自然的不断变化，恐龙的生存环境也日渐严峻起来，但角龙群由于拥有超强的适应力最终存活下来，在冰冷无情的恐龙世界里上演着自己编写的生存剧本。三角龙是恐龙永远消失在地球前的最后部落，亲眼见证了族群的灭亡。

近千颗牙齿

三角龙的嘴内布满了近千颗坚硬的牙齿，并覆有珐琅质。当一些旧齿磨损到一定程度时，就会有新牙取代它。这种新旧更替的过程同鸭嘴龙类相似。

8米

1.8米

·拉丁文学名	*Triceratops*
·类	角龙类
·食性	植食性
·体重	约 9 000 千克
·体形特征	非常大的颈盾及三根大角
·生活区域	北美洲

更凶猛的三角龙

　　要说犀牛是三角龙的模仿者可是极具说服力的，因为两者的外貌很像，只是三角龙更加凶猛。它的脑袋上共伸出三个尖角，一个是较短的鼻角，另两个则是较长的眉角（成年三角龙的足有1米长），这三个尖角是它的绝佳武器。

囫囵吞枣

　　三角龙的角质喙已经演化得与现生鹦鹉非常相似了。它们会利用这个特别的嘴在闭合的瞬间切断食物，然后直接吞咽。

腥风血雨

　　化石证据显示暴龙类会以三角龙为食，因为在三角龙的头骨和鳞骨化石上都发现过暴龙的齿痕。古生物学家杰克·道森还推断，当暴龙攻击三角龙时，后者会抬高前部躯体，用头上的角来回击暴龙。

埃德蒙顿甲龙

在白垩纪晚期，角龙类恐龙以其庞大的种群数量和巨角之威称霸陆地。但还有一批不容小觑的甲龙类恐龙落户此地，埃德蒙顿甲龙就是其中的一员。埃德蒙顿甲龙生活在距今约 7 650 万年至 6 600 万年前，它身披厚重的装甲和尖锐的骨质棘。所以在面对劲敌强袭时，它们会用自身堪称完美的坚固装备击退掠食者。所以千万不要"以貌取龙"，就是这奇怪的身体构造和超强的防御能力令埃德蒙顿甲龙成为了著名的甲龙明星。

小小的牙齿

埃德蒙顿甲龙的牙齿是比较原始的，从正面看，颊齿牙冠似叶，中间有脊状突起。另外，因为有牙釉质的保护，所以可以抵抗牙齿由咀嚼食物所产生的磨损。

·拉丁文学名	*Edmontonia*
·类	甲龙类
·食性	植食性
·体重	约3 000千克
·体形特征	背部及头部有骨质甲板
·生活区域	美国 加拿大

尖锐的刺

埃德蒙顿甲龙的肩膀伸出4条长刺，而在一些标本中，有的长刺会再分叉出小刺。但是不论大刺还是小刺都非常尖锐，威力巨大。当埃德蒙顿甲龙在夜间趴下休息时，这些保护刺就会使它得到更全面、更安全的防护。

6米

1.8米

挑食的素食专家

埃德蒙顿甲龙可以说是一种挑剔的恐龙，大部分情况下它只吃一些汁液多的植物。吃东西的时候，它会用嘴把植物的叶子咬下，然后用长在大嘴深处的颊齿把植物嚼个稀巴烂。可是到了旱季，它爱吃的食物都枯死了，所以只能去啃食树皮和坚韧的灌木，这能帮助它改掉挑食的坏毛病！

全身防护

你可以看到，埃德蒙顿甲龙披了一身厚厚的钉状和块状甲板，脑袋上还长有一些像拼图一样紧密拼在一起的骨板，保护它那三角形的脑袋。此外，也有装甲覆盖在脖子和身体两侧。似乎埃德蒙顿甲龙的身上没有一处可让敌人下手！

包头龙

携流星锤的战士

在白垩纪晚期，一群新的甲龙类"战士"涌现出来，并迅速划出自己的领地，它们就是包头龙。满身的坚硬甲片和尖锐的骨棘令其防御能力大幅提升，在面对掠食者时可以更加从容。包头龙还是一项纪录的保持者，即"最完整的甲龙化石"。

大侠的"流星锤"

包头龙就像是一位深藏不露的大侠，武器则是呈双蛋形的、酷似"流星锤"的尾锤。它的尾巴上生有骨化肌腱，尾锤同尾端的尾椎紧密地结合起来，可以灵活摆动。

颠覆想象的进食方式

你能想到包头龙的进食方式吗？那是一种非常复杂的颌部运动，是凭借上下排牙齿互相牵拉摩擦形成的。整个运动过程所表现的是一种缩进活动。

致命弱点

包头龙看似无懈可击，其实还是有弱点的，即它的腹部没有配备装甲，就如同现生动物箭猪一样，这是它的致命弱点。所以，猎食者想要打败它必须从柔软的腹部着手。

5.5米

1.8米

· 拉丁文学名	*Euoplocephalus*
· 类	甲龙类
· 食性	植食性
· 体重	约 2 500 千克
· 体形特征	尾端有尾锤
· 生活区域	美国 加拿大

全副包裹的鳞甲

　　包头龙不像它的名字那样只包装到了头部，而是全身覆盖着鳞甲，甚至包括眼睑。每一片鳞甲都是由嵌入皮肤的椭圆形甲板构成，让包头龙坚不可摧。

龙王龙

丑陋的骑士

有一种面目极其狰狞的恐龙生活在大约 6 600 万年前的白垩纪晚期，那张脸可以说是恐龙界中最令人印象深刻的了，它就是龙王龙。龙王龙是肿头龙类恐龙，植物是它的主食。龙王龙的种名为霍格沃茨，出自 J.K. 罗琳所著《哈利·波特》中的霍格沃茨魔法学校，这是因为研究者觉得龙王龙与小说中的龙实在太像了。

狼牙棒

龙王龙的脑袋上布满各种钉角和肿块，还有大量排列不规则的骨板，有小角、尖刺和结节等"高端配置"。于是，龙王龙的整个脑袋就变成了一个厉害的"狼牙棒"，攻守皆可。

满背突起

在艺术家笔下，龙王龙的皮肤表面长满了像肉瘤一样的突起，虽然不是很密集，但是让人看了还是会感觉很不舒服。

·拉丁文学名	*Dracorex*
·类	肿头龙类
·食性	植食性
·体重	约 400 千克
·体形特征	头骨上铺满小钉角及肿块
·生活区域	美国南达科他州

3～4米（图中约为4米）

1.8米

立体视觉

　　龙王龙的圆形眼窝朝前，表示视力良好，可能具有立体视觉。这是一个非常有优势的进化，因为在强者遍布的白垩纪晚期，这种立体视觉可助龙王龙提前注意到危机。

"头"的对决

　　有学者推测，在发情季节，龙王龙们会用脑袋上的"狼钉棒"互相顶撞以争夺配偶。此外，雌性龙王龙会更青睐头角大的雄性龙王龙，就像雄鹿的大角更容易吸引雌鹿一样。

205